Atome und Strahlen

Von

Gustav Ortner

Wien

Mit 25 Textabbildungen

Springer-Verlag Wien GmbH

1947

ISBN 978-3-7091-3559-4   ISBN 978-3-7091-3558-7 (eBook)
DOI 10.1007/978-3-7091-3558-7

Vorwort.

Das vorliegende kleine Buch ist aus Vorträgen entstanden, die der Verfasser bei verschiedenen Gelegenheiten im Laufe der letzten Jahre vor Hörern gehalten hat, bei denen nicht mehr als eine naturwissenschaftliche Mittelschulbildung vorausgesetzt werden konnte. Die Vorträge behandelten zum Teil Gegenstände, die schon seit längerer Zeit zum Besitz der Wissenschaft gehören und daher auch schon mehrfach in allgemein verständlicher Form dargestellt worden sind. Sie wurden trotzdem in die vorliegende Darstellung aufgenommen, teils des Zusammenhanges wegen, dann aber auch, um die physikalische Forschungsweise in der Atom- und Strahlenphysik möglischst klar zur Anschauung zu bringen. Das Hauptgewicht wurde aber naturgemäß auf neuere und neueste Forschungsergebnisse gelegt, wie sie die Untersuchungen über die künstliche Atomumwandlung und das Studium der aus dem Weltraum kommenden kosmischen Strahlen zu Tag gefördert haben. In den darauf bezüglichen Abschnitten wird auch der Weg gezeigt, auf dem es schließlich in der jüngsten Vergangenheit zur technischen Auswertung der Atomkernenergie gekommen ist.

Die Abbildungen wurden größtenteils aus Zeitschriften und Büchern entnommen. Die Abb. 25 eines Zertrümmerungssternes in der photographischen Schicht wurde nach einer Originalaufnahme hergestellt, die mir von Fr. Dozent Dr. H. Wambacher in liebenswürdiger Weise zur Verfügung gestellt wurde, und wofür ich ihr auch an dieser Stelle herzlichst danke. Mein Dank gebührt in besonderem Maße dem Verlag, der trotz der zeitbedingten Schwierigkeiten das Büchlein mit seiner verhältnismäßig großen Zahl von Abbildungen in einer durchaus befriedigenden Ausstattung herausgebracht hat.

Wien, im Januar 1947.

G. Ortner.

Inhaltsverzeichnis.

1. Aufbau der Materie.

Der Physiker stellt sich bei der Erforschung des Aufbaues der Materie die Frage: Auf welche kleinsten, nicht weiter auflösbaren Bauelemente sind die Naturstoffe zurückführbar und in welcher Weise sind sie aus diesen Elementen aufgebaut?

Der nächstliegende Weg, um etwas über den Aufbau eines Gegenstandes zu erfahren, ist die Zerlegung desselben. Diese Methode wird ja in den Naturwissenschaften auch weitgehend angewendet, u. zw. nicht nur in der leblosen Natur, mit der sich die folgenden Betrachtungen befassen werden.

Die Zerlegung irgendeiner Substanz mit den üblichen mechanischen Mitteln führt jedoch zu keinen neuen Aspekten im Hinblick auf die gestellte Frage, auch dann nicht, wenn wir die Zerkleinerung mit dem Mikroskop verfolgen. Man kann etwa einen Kristall noch so fein zermahlen, bis zur mikroskopischen Auflösungsgrenze wird man immer wieder nur Kristalle finden, von denselben Eigenschaften wie der große Ausgangskristall. Die Auflösungsgrenze des Mikroskops liegt bei etwa zwei Zehntausendstel eines Millimeters, d. h. zwei Objekte, die um diesen Abstand voneinander entfernt sind, können gerade noch als getrennt wahrgenommen werden. Einzelheiten des betrachteten Gegenstandes, die diese Größe haben, können also gerade noch unterschieden werden. Die von uns gesuchten Bauelemente sind also jedenfalls kleiner als die angegebene Minimallänge. Die Auflösungsgrenze des Mikroskops ist wesentlich bedingt durch die Größe der Wellenlänge des zur Beleuchtung des Gegenstandes im Mikroskop benützten Lichtes. Die Wellenlänge des sichtbaren Lichtes mit dem im allgemeinen mikroskopiert wird, ist eben auch von der Größe von etwa fünf Zehntausendstel eines Millimeters. Würde man zur Beobachtung Licht von wesentlich kleinerer Wellenlänge verwenden, so würde im gleichen Maße auch die Auflösungsgrenze heruntergesetzt werden können. So gibt es z. B. die Röntgenstrahlen, deren Wellenlängen 5000 bis 50.000mal kleiner sind als die des sichtbaren Lichtes. Leider versagt bei so kleinen Wellenlängen die Technik der optischen Linsen. Lichtstrahlen solcher Wellenlängen erfahren fast gar keine Ablenkung in dem Linsensystem eines Mikroskopes und es entsteht daher auch kein Bild des Gegenstandes mehr.

Es gibt jedoch eine optische Erscheinung, die letzten Endes, wenn auch in einer versteckten Form, auch der Bildentstehung im Mikroskop zugrunde liegt. Sie kann in einem sehr einfachen Versuch beobachtet werden. Parallele Lichtstrahlen, die senkrecht durch eine Öffnung in einem sonst undurchsichtigen Schirm treten, bilden diese Öffnung auf einem zweiten dahinter gestellten Schirm formgetreu ab. Wenn man freilich genau hinsieht, so erkennt man an den Rändern des Bildes eine Aufeinanderfolge von hellen Streifen, die durch dunkle Zwischenräume voneinander getrennt sind. Diese Streifen werden besser sichtbar und rücken weiter auseinander, wenn die Öffnung verkleinert wird; im gleichen Maße geht die formgetreue Abbildung der Öffnung verloren und schließlich beherrscht das Streifensystem den Projektionsschirm. Am reinsten zeigt sich diese Erscheinung bei Verwendung von Licht einheitlicher Wellenlänge (einfärbiges Licht), da bei weißem Licht auch noch eine Zerlegung des Lichtes in seine Spektralfarben erfolgt. Diese Erscheinung ist als Beugung des Lichtes seit langem bekannt. Ein besonders schönes Beispiel der Beugung an einem rechteckigem Spalt ist in der nachfolgenden Abb. 1 wiedergegeben.

Der Abstand je zweier aufeinanderfolgenden heller Zwischenräume hängt in einer sehr einfachen Weise von

Breite und Höhe des Spaltes, der Wellenlänge λ des benützten Lichtes und natürlich auch von dem Abstande des Projektionsschirmes von der Öffnung ab. Hat die rechteckige Öffnung in der Horizontalen die Breite a und in der Vertikalen die Höhe b, so ist der Abstand der hellen Zwischenräume in der Horizontalen gegeben durch $\dfrac{\lambda}{a}$ und entsprechend in der Vertikalen durch $\dfrac{\lambda}{b}$, wobei angenommen ist, daß sich der Schirm in der Abstandseinheit von der Öffnung befindet. Man kann aus der Messung dieser Abstände bei bekannter Wellenlänge a und b, d. h. Breite und Höhe des Spaltes bestimmen, ohne daß eine formgetreue Abbildung der Öffnung notwendig wäre. Das gilt auch für beliebige andere Formen von Öffnungen, wenn auch die mathematische Analyse des Beugungsbildes fallweise sehr komplizierte Rechnungen erfordern

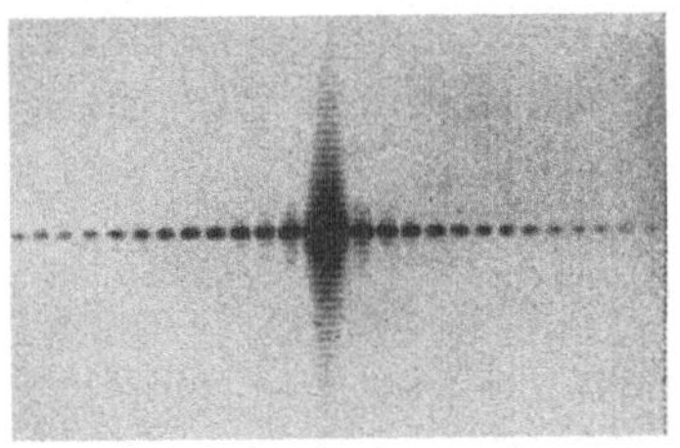

Abb. 1. Beugung einfarbigen Lichtes beim Durchgang durch einen rechteckigen Spalt.

Die schwarzen Flecken sind die vom Licht getroffenen Stellen.

kann. Günstig für das Gelingen des Verfahrens ist, daß die Wellenlänge vergleichbar ist mit der Größe der Öffnungen. Sie soll nicht um viele Größenordnungen kleiner sein als diese, sie darf aber schon gar nicht größer sein. Im ersteren Falle schieben sich die Streifen so eng zusammen, daß die Abstandsmessung zu ungenau wird, im letzteren Falle kommt überhaupt kein Streifensystem zustande. Diese Erscheinung in meist weniger reiner Form ist sehr häufig zu beobachten. Eine Vielzahl von gleichen Blenden nebeneinander ändert nichts grundlegendes. Eine solche ist aber beispielsweise in vielen Geweben gegeben. Blickt man durch ein Taschentuch gegen eine entfernte Lichtquelle, beispielsweise eine Straßenlaterne oder die tiefstehende Sonne, so sieht man ein Streifensystem, nur diesmal mehrfärbig. Das kommt daher, daß das Streifensystem für jede Wellenlänge anderswo liegt und daher zusammengesetztes Licht spektral zerlegt wird. Man benützt daher die Beugung des Lichtes auch zur spektralen Zerlegung. Man kann ferner diese Erscheinung auch beobachten, wenn man durch ein mit Wasserdampf oder Reif beschlagenes Fenster eine entfernte Lichtquelle betrachtet. Die gleiche Ursache haben die „Höfe" um Lichtquellen bei nebeligem Wetter. Für die Entstehung dieses Phänomens ist es nämlich nur notwendig, daß in dem vom Licht durchsetzten Medium Inhomogenitäten von gleicher Größe vorhanden sind, die das Licht mehr oder weniger gut durchlassen als ihre Umgebung, und daß die Größe dieser Inhomogenitäten einigermaßen vergleichbar ist mit der Größe der Wellenlänge des durchgehenden Lichtes. Es ist so dem Physiker eine Art Zauberstab in die Hand gegeben, mit dem er jede vorkommende Struktur enträtseln kann. Er muß nur die Wellenlänge des zur Be- bzw. Durchleuchtung benützten Lichtes entsprechend wählen, d. h. der Größe der zu erwartenden Inhomogenitäten anpassen. Diese Zusammenhänge waren seit langem bekannt, aber erst M. von L a u e hat sie vor nun mehr als 30 Jahren in ihrer ganzen Tragweite erkannt. Damit ist die Erforschung des Aufbaues der Materie in eine ganz neue Bahn gelenkt worden und hat im Laufe der Jahre seit 1912 zu ungeahnten Einsichten geführt. Im besonderen hatte von L a u e den glücklichen Gedanken, Kristalle mit Röntgenstrahlen zu durchleuchten. Wie schon früher erwähnt, lassen sich durch geeignete experimentelle Anordnungen Röntgenstrahlen erzeugen mit Wellenlängen, die 5000 bis 50.000mal kleiner sind als die Wellenlängen des sichtbaren Lichtes. Das Ergebnis der Durchleuchtung von Kristallen mit solchen Wellenlängen war sehr überraschend. Es zeigten sich symmetrische Anordnungen von Schwärzungsflecken auf dem photographischen Film, die sich als ein Beugungsdiagramm deuten ließen, u. zw. verursacht durch Inhomogenitäten, die von der Größe etwa eines Zehnmilliontel eines Millimeters sind. (s. Abb. 2).

Diese Inhomogenitäten sind die Atome oder wir deuten sie so, allerdings nicht ohne Zusammenhang mit der Größe der Atome eines Gases, wie sie aus der kinetischen Gastheorie erschlossen wurde. Denn auch dort hat sich die Größe der Gasatome, die die Wärmebewegung ausführen, von etwa dieser Größe herausgestellt. Durchleuchtungsbilder — sogenannte Röntgendiagramme — von Kristallen sind zwar wesentlich bedingt durch das Vorhandensein der Atome, aber ihr besonderes Aussehen erhalten sie erst durch die regelmäßige Anordnung der Atome in den Kristallen. Aus einer vollständigen Analyse eines Diagrammes lassen sich die Anordnung der Atome sowie auch ihre Größe eindeutig angeben, freilich oft mit großem Aufwand an Rechenarbeit. Ein

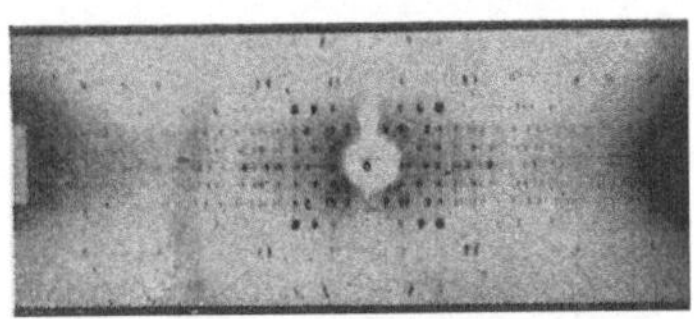

Abb. 2. Beugung „einfarbiger" Röntgenstrahlen beim Durchgang durch einen kleinen Kristall.

Die schwarzen Flecken sind die von den Röntgenstrahlen getroffenen Stellen.

besonders einfaches Beispiel mag die vorliegenden Verhältnisse erläutern: Steinsalz kristallisiert oft in schönen großen Würfeln und stellt eine chemische Verbindung dar, die der Chemiker schreibt: NaCl, d. h. ein Natriumatom ist mit einem Chloratom zu einem Molekül der Verbindung Natriumchlorid, die die Mineralogen Steinsalz nennen, vereinigt. Zeigen sich nun diese Moleküle auch im Kristall? Das Ergebnis der Röntgenanalyse ist das folgende. Es sind ganz zweifellos zwei ungleich große Inhomogenitäten im Kristall nachweisbar; sie entsprechen offenbar dem Natrium- bzw. Chloratom, die man ja verschieden groß erwarten sollte, da sie auch verschiedene Atomgewichte haben. Diese Atome sind — wie sich gleichfalls aus dem Röntgendiagramm ergibt — in den Ecken von im Raum zu denkenden Würfeln eingebaut, ganz entsprechend der

äußeren Kristalltracht von Steinsalz, u. zw. folgt längs einer
jeden Würfelkante immer ein Natriumatom auf ein Chloratom und umgekehrt (s. Abb. 3).

Wenn man das Ganze überblickt, so ergibt sich, daß
sich ein Natriummolekül im Kristall n i c h t abhebt, sondern daß je ein Atom der einen Art von sechs Atomen der
anderen Art gewissermaßen umstellt ist. Für den Abstand
zweier aufeinander folgender Atomzentren ergibt sich
$2,81 \cdot 10^{-8}$ cm [1]. Diese Größe muß auch ungefähr gleich
sein der Summe der Radien
des Natrium- und Chloratoms.
Man muß allerdings damit
rechnen, daß das Natrium-
und Chloratom im festen Körper vielleicht in einer etwas
anderen Form als im Gaszu-
stand, nämlich als Ion auftritt,
und das trifft in dem gewähl-
ten Beispiel tatsächlich zu. Die
Atome sind in diesem Kristallgitter elektrisch geladen u. zw.
hat das Natriumatom eine positive Ladung von der Größe
einer elektrischen Elementar-

Abb. 3. Atomkugelmodell des
Gitters des Steinsalzkristalls.

Die großen Kugeln sind die Chlor-
ionen, die kleinen die Natriumionen.

ladung, das Chloratom eine ebenso große negative. Diese Ladungen sind es auch, die durch ihre elektrostatische Anziehung nach dem Coulomb'schen Kraftgesetz den Kristall zusammenhalten. Diese Art der chemischen Bindung der Ato-
me nennt man die h e t e r o p o l a r e B i n d u n g. Viele Kristalle
sind nach diesem Muster aufgebaut. Es gibt aber auch andere
sehr feste Kristalle, die keine geladenen Atome enthalten. Im
Diamant beispielsweise können nicht gut positiv und negativ

---

[1] $10^{-1} = 0,1$; $10^{-2} = 0,01$; allgemein: $10^{-n} = 0,0\overbrace{\ldots\ldots}^{n\ \text{Nullen}}01$
analog:

$10^1 = 10$; $10^2 = 100$; allgemein: $10^n = 1\overbrace{0\ldots\ldots0}^{n\ \text{Nullen}}$

geladene Atome für den außerordentlich festen Zusammenhalt verantwortlich gemacht werden. Diamant ist ja reiner Kohlenstoff und enthält daher nur die eine Art von Atomen, die elektrisch nicht geladen sind. Man spricht hier von einer **homöopolaren Bindung.** Auch hier sind es letzten Endes elektrische Kräfte, die die Atome miteinander verknüpfen. Die gleiche Bindungsart ist vielfach auch für die Molekülbildung verantwortlich zu machen. Beispielsweise ist es von vorneherein nicht recht verständlich, warum zwei ganz gleiche und nach außen elektrisch neutrale Sauerstoffatome zu einem Sauerstoffmolekül zusammentreten, wie es bekanntlich wirklich geschieht. Das kann nur in einer inneren elektrischen Struktur des Atoms seinen Grund haben. Wir werden bald direkte experimentelle Beweise kennen lernen, die diese elektrische Innenstruktur des Atoms deutlich erkennen lassen. Das Atom enthält Elektronen. Die homöopolare Bindung kommt dadurch zustande, daß gewisse Elektronen zwischen den zwei gleichen Atomen dauernd hin und herwechseln, während bei der heteropolaren Bindung nur eine einmalige und endgültige Abgabe eines Elektrons stattfindet, u. zw. in unserem Beispiel des Natriumatoms an das Chloratom.

Das Beispiel des Diamanten zeigt auch, wie folgenschwer für das Aussehen und die Eigenschaften eines Kristalls die Lage der Atome im Kristallgitter ist (s. Abb. 4). Im Diamant sind die Kohlenstoffatome in den Eckpunkten und den Schwerpunkten von Tetraedern angeordnet; man kann auch sagen: Jedes Atom liegt im Schwerpunkt von vier anderen Atomen. Der Abstand zweier Atome ist $1{,}54 \cdot 10^{-8}$ cm. Bei genauer Betrachtung der Abb. 4 (obere Hälfte) sieht man, daß sich immer je 6 Atome zu einem Sechseck zusammenfassen lassen, dessen Seiten aber nicht in der gleichen Ebene liegen, sondern zickzackartig zu dieser Ebene geneigt sind. Das bedingt eine besonders feste Verzahnung der Atome. Als Gegenstück dazu betrachten wir in der unteren Hälfte der gleichen Abbildung die Struktur des

Graphits. Auch er ist ein Kristall und enthält wie der Diamant
nur Kohlenstoffatome; auch hier können die Kohlenstoffatome zu Sechsecken zusammengefaßt werden, aber hier
liegen die Seiten des Sechseckes in einer und derselben
Ebene. Der Abstand zweier Atome längs einer Sechseckseite ist etwas kleiner als im Diamant. Aber senkrecht zu
diesen Schichten von Sechsecken ist der Abstand außerordentlich groß, nämlich $3{,}41 \cdot 10^{-8}$ cm.
Diese Glättung der Sechsecke zusammen mit dem großen Abstand der
Schichten bedingt eine sehr starke Auflockerung des Kristallgitters senkrecht
zu den dichten Atomlagen und erklärt
das bekannte Verhalten des Graphits.
Er ist ausgesprochen weich und gibt
beim Reiben leicht Schüppchen ab, was
ihn ja neben der dunklen Farbe zum
Schreiben so gut verwendbar macht.

Bis zur Gegenwart ist eine riesige
Zahl von Substanzen — chemischen
Elementen und Verbindungen — untersucht worden. Das Ergebnis ist fast
durchwegs folgendes. Alle Substanzen
sind ein Konglomerat von mehr oder
minder großen Einkristallen. Für die
Einkristalle gilt die regelmäßige Anordnung der Atome. Es ist keineswegs
immer die hohe Würfelsymmetrie, die

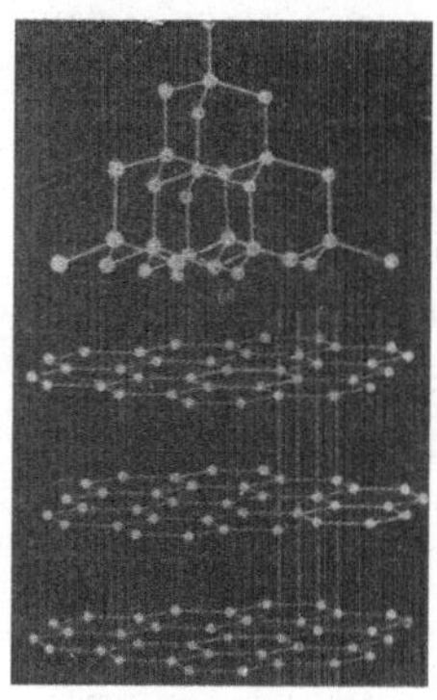

Abb. 4. Räumliche Anordnung der Kohlenstoffatome im Gitter
des Diamantkristalls
(oben) und des Graphit (unten).

Um die Anordnung durchsichtiger zu machen, sind
die Kohlenstoffatome in
beiden Darstellungen stark
auseinandergerückt. In
Wirklichkeit berühren sie
einander.

den Kristallaufbau beherrscht, es entspricht vielmehr die
Atomanordnung im Gitter der Symmetrie der entsprechenden Kristalltracht. Die einzelnen Kristallite sind im Festkörper zu größeren Komplexen zusammengepackt, wobei
völlige Regellosigkeit in der Kristallitorientierung vorliegen
kann oder eine gewisse Ordnung der Einzelkriställchen, so
zwar daß beispielsweise alle Kriställchen mit einer ihrer Kristallachsen zueinander parallel liegen. Diese ausgezeichnete

Richtung ist dann gewöhnlich auch an dem Materialstück besonders hervorgehoben, z. B. Längsrichtung eines Drahtes, Walzebene eines Bleches u. s. f. Solche Kristallitordnungen sind häufig für die Festigkeits- und andere Eigenschaften des Materiales von größter Bedeutung (Abb. 5). Es gibt allerdings einige wenige Stoffe, die keine deutliche Kristallstruktur haben, z. B. Glas. Allgemein gilt das auch für Flüssigkeiten. Man nennt diesen Zustand amorph. Aber auch dieser Zustand ist nicht ohne jeden Ordnungscharakter seiner Atome, nur wiederholt sich bei ihm nicht wie bei den Kristallen eine Struktureinheit periodisch. Völlig ohne jeden Ordnungscharakter sind wohl nur die Gase.

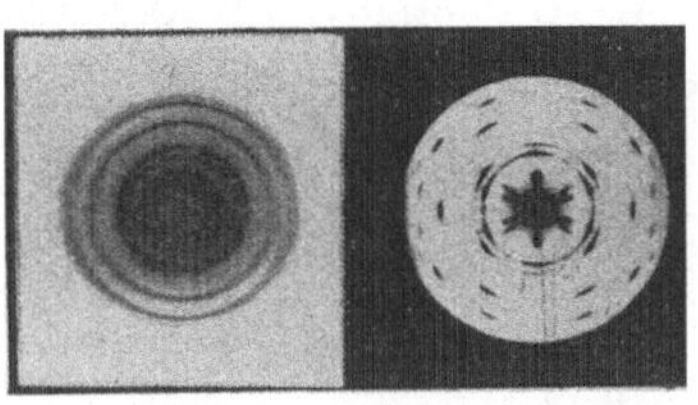

Abb. 5. Beugungsbild eines einfarbigen Röntgenstrahlbündels beim Durchgang durch Aluminium. (Debye-Scherrer Diagramm.)

Das linke Bild wurde mit einem Metallpulver erhalten, das zu einem dünnen Stäbchen gepreßt und dann mit Röntgenstrahlen durchleuchtet wurde. Das rechte Bild stammt von einem gezogenen Aluminiumdraht. Das mit dem Pulver erhaltene Bild zeigt, daß die kleinen Aluminiumkristalle völlig ungeordnet durcheinanderliegen. Das Bild des Drahtes zeigt dagegen eine ausgeprägte Faserstruktur, d. h. eine bestimmte kristallographische Richtung liegt annähernd parallel zur Längsachse des Drahtes u. zw. sind es in diesem Falle die Würfeldiagonalen des Gitters, die zur Drahtachse parallel liegen.

2. Struktur der Atome.

Elektronenhülle.

Die Atomkugelmodelle der Kristalle sind auch nur ein roher Schematismus. Führt man die Analyse der Beugungsdiagramme vollständig durch, so lösen sich auch die Atom„Kugeln" auf. Die Atome sind weiter teilbar. Besonders deutlich geht das aus Versuchen an Gasen hervor. wo die Atome frei sind und daher das Beugungsbild ausschließlich durch die Innenstruktur der Atome verursacht ist, unbeeinflußt durch eine regelmäßige Anordnung derselben in einem Kristallgitter. So wurden beispielsweise die Edelgase Helium, Neon und Argon durchleuchtet. Das Ergebnis war sehr aufschlußreich. Diese Gasatome ver-

halten sich nach Ausweis ihrer Röntgenbeugungsdiagramme
keineswegs wie feste undurchdringliche Kugeln. Vielmehr
kann aus dem Diagramm eine Dichteverteilung der das
Atom aufbauenden Materie berechnet werden. Da zeigt
beispielsweise das Neonatom Anhäufungen von Substanz
bei einer Distanz von 0,1 und 0,4 . 10^{-8} cm vom Atom-
mittelpunkt; dazwischen liegen deutlich substanzärmere
Gebiete. Der Radius des Neonatoms ergibt sich zu etwa
1,5 . 10^{-8} cm. (Abb. 6.) Man hat sogar eine Art Photogra-
phie des Neon- und anderer Atome angefertigt durch zeich-
nerische Umsetzung der mathe-
matischen Auswertung des Beu-
gungsdiagrammes. So unmittelbar diese zuletzt besprochenen
Untersuchungen auf eine innere
Struktur der Atome hinweisen,
so leiden die Ergebnisse an einem
Übelstand. Die gut verwendbaren
Röntgenwellenlängen von einigen Zehntel Ångström (1 Ångström $= 10^{-8}$ cm) sind eigentlich
für diesen Zweck zu groß. Es ist

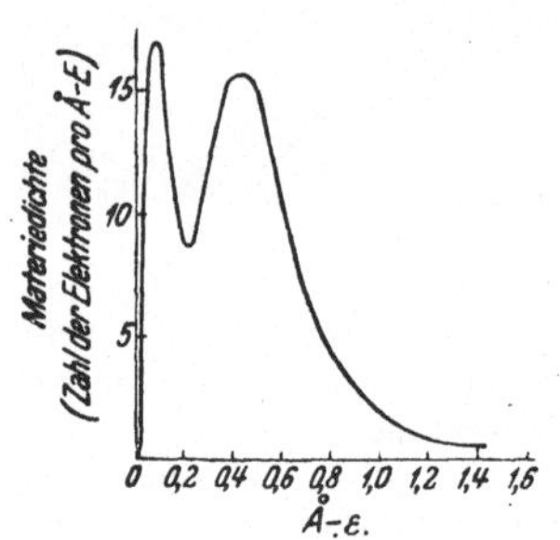

Abb. 6. Dichteverteilung der
Materie (Elektronen) im Inneren der Atome des Neon.

daher nicht zu erwarten, daß alle Feinheiten der Innenstruktur wirklich zum Vorschein kommen. Noch kleinere Wellenlängen sind zwar herstellbar, aber schlecht benützbar, da
Strahlung so kleiner Wellenlänge beim Streuvorgang Verän-
derungen erleidet, die sie zur Erzeugung eines Beugungsdia-
grammes untauglich machen. Es ist aber dank einem beim
Durchgang von Röntgenstrahlen durch Atome auftretenden
Sekundäreffekt, dem photoelektrischen Effekt, gelungen,
eine vollständigere Kenntnis der Innenstruktur der Atome
zu erhalten. Schon Röntgen konnte in seinen ersten Arbeiten über die von ihm entdeckten Strahlen zeigen, daß sie
Gase, die von ihnen durchsetzt werden, elektrisch leitend
machen. Da Röntgenstrahlen selbst keine Ladung haben,
so ist diese Erscheinung nur so zu verstehen, daß die

Strahlen elektrische Ladungen aus den Gas-Atomen abspalten können. Die Untersuchung dieser Ladungen hat gezeigt, daß es sich dabei primär um Elektronen handelt, so daß der Vorgang der folgende ist: Das von Röntgenstrahlen getroffene Atom gibt ein Elektron ab und bleibt als positiv geladenes Atomion zurück. Diese Ionisierung ist von grundlegender Bedeutung für die Röntgenmeßtechnik. In diesem Zusammenhang interessiert uns aber in erster Linie die Frage: Wie hängt die Elektronenabspaltung von der Wellenlänge λ des eingestrahlten Lichtes ab? Licht verschiedener Wellenlänge besitzt eine sehr unterschiedliche Fähigkeit, Elektronen aus einem Atom freizumachen. Das physikalische Maß für diese Fähigkeit ist die Quantenenergie des verwendeten Lichtes; darunter versteht man das Produkt: $\dfrac{h \cdot c}{\lambda}$, wo h die Planck'sche Konstante $=$ $= 6{,}63 \cdot 10^{-27}$ erg.sec., c die Lichtgeschwindigkeit gleich $2{,}998 \cdot 10^{10}$ cm bedeutet. Wir hatten von einer Wellenstrahlung bisher das Bild, daß von dem Wellensender die Strahlung gleichzeitig nach allen Richtungen des Raumes ausgeht und daher die Strahlungsenergie, die an einer bestimmten Stelle im Raume ankommt, umso kleiner wird, je weiter diese Stelle von der Strahlungsquelle entfernt ist. Die Tatsache der Elektronenablösung durch Licht unterhalb einer gewissen Größe der Wellenlänge hingegen verlangt ein anderes Bild von der Lichtausbreitung. Danach ist das Licht eher einem Strom von Teilchen zu vergleichen, die von der Quelle emittiert werden. Jedes Teilchen — auch Lichtquant oder Photon genannt — trägt eine bestimmte Energie von dem Wert $\dfrac{h \cdot c}{\lambda}$ auf seiner ganzen Reise unverändert mit, bis es auf ein Atom trifft, aus dem es, wenn seine Energie hinreichend groß ist, ein Elektron ablöst. Das Lichtquant verschwindet dabei — es wird absorbiert. Diese beiden Bilder, die beide notwendig sind, das erste um die Beugungserscheinungen zu erklären, das zweite, um den

Photoeffekt begreiflich zu machen, sind in der Anschauung
unvereinbar. Es sind beide nur unvollkommene Bilder des
wahren Vorganges, der anschaulich wahrscheinlich überhaupt nicht beschrieben werden kann. Zahl der Lichtquanten und Größe des einzelnen Quants sind wohl zu unterscheiden. Ein großer Scheinwerfer sendet beispielsweise
pro Zeiteinheit eine ungeheuer große Zahl von Quanten
aus, aber das einzelne Quant ist nur sehr klein, weil die
Wellenlänge des sichtbaren Lichtes sehr groß ist. Das
Röntgen„licht“ aus einer Röntgenröhre kann in der gleichen
Zeit niemals so viele Quanten aussenden, weil es so lei-
stungsfähige Röntgenapparate nicht gibt; aber das einzelne
Quant ist viel größer, weil die Wellenlängen der Röntgenstrahlen viel kleiner sind. Und es ist nun ein grundlegendes
Ergebnis des Experimentes: Man kann ein freies Atom
noch so intensiven Quellen sichtbaren Lichtes aussetzen, es
wird trotzdem nach noch so langer Zeit kein einziges Elektron aus dem Atom freigemacht. Es kommt nicht auf die
Zahl der Lichtquanten an, sondern auf die Größe des einzelnen Quants. Mit Röntgenlicht kann selbst mit kleinsten
Quantenmengen Elektronenablösung erreicht werden. Hier
ist eben das einzelne Quant genügend groß und nur darauf
kommt es an. Natürlich hängt die Zahl der abgelösten
Elektronen von der Zahl der Quanten auch ab, sie ist dieser
letzteren proportional, aber damit überhaupt ein Elektron
abgelöst wird, muß das Quant eine gewisse Mindestgröße
haben. Es zeigt sich nun aber weiter, daß in einem Atom
offenbar verschiedene Gattungen von Elektronen vorhanden sind, die durch verschieden große Photonen aus dem
Atom herausgeholt werden. Bestrahlt man etwa ein Atom
mit ultraviolettem Licht, so beobachtet man bereits Elek-
ronenaustritt. Bei diesem Licht sind die Quantenenergien
noch verhältnismäßig klein. Steigert man nun die Größe
der eingestrahlten Photonen, indem man Röntgenstrahlen
abnehmender Wellenlänge einstrahlt, so treten sprunghaft
bei bestimmten Werten der Wellenlänge neue Elektronen

aus dem Atom aus. Diesen Befund hat man so verstanden, daß die verschiedenen Elektronen im Atom verschieden stark festgehalten werden; die, die stärker festgehalten werden, können nur durch größere Photonen, d. h. solche mit größerem $\dfrac{h \cdot c}{\lambda}$ herausgeholt werden.

Das führt uns auf die Frage, was denn eigentlich überhaupt die Elektronen im Atom festhält. Da die Elektronen negativ geladen sind, so werden wir eine positive elektrische Ladung im Atom vermuten, von der die Elektronen angezogen und auf diese Weise im Atom festgehalten werden. Eine positive Ladung muß ja schon deswegen angenommen werden, weil das Atom als Ganzes normalerweise elektrisch neutral ist. Außerdem hat das Atom ja auch ein Gewicht, eine Masse.

Massen untersuchen wir am besten durch ihre Wirkung auf andere Massen. Wirft man etwa einen Ball geradeaus und kommt er zurück, so weiß man, daß er auf seinem Wege auf eine Masse gestoßen ist, die größer ist als seine eigene. Man braucht diese Masse gar nicht zu sehen; das Ergebnis des Wurfversuches läßt einen eindeutigen Schluß zu. Selbst die Beobachtung einer merklichen Ablenkung des geschleuderten Balles läßt bereits den sicheren Schluß zu, daß er mit einer Masse zusammengestoßen ist, deren Größe mit seiner eigenen vergleichbar ist. So haben beispielsweise beim Billardspiel alle Kugeln die gleiche Masse und das Spiel beruht auf der beim Stoß erfolgten Richtungsänderung der Kugelbewegung. Zur Untersuchung von atomaren Massen benötigen wir in Analogie zum Billardspiel als Stoßkugeln auch wieder atomare Massen. Solche atomare Stoßkugeln liefern die radioaktiven Substanzen. Schon bald nach der Entdeckung der Röntgenstrahlen, die im Jahre 1895 erfolgte, fand man, daß Uran, das schwerste chemische Element, spontan Strahlen aussendet. In den darauffolgenden Jahren wurde eine ganze Reihe anderer Substanzen gefunden mit der gleichen Eigenschaft der sogenannten R a d i o a k t i v i t ä t. Das bekannteste dieser radioaktiven chemischen Elemente ist das R a d i u m. Es zeigte sich, daß die von diesen Elementen ausgesendete Strahlung nicht einheitlich ist. Auf Einzelheiten werde ich bei einer späteren Gelegenheit etwas näher eingehen. In dem gegenwärtigen Zusammenhang interessieren uns nur die Alpha-Strahlen. Sie sind die für die eben erläuterten Versuche benötigten atomaren „Billardkugeln". Ihre Masse beträgt etwa $6{,}7 \cdot 10^{-24}$ Gramm. Sie sind Heliumatome, allerdings von einer besonderen Art; sie haben überhaupt keine Elektronen, sondern nur Masse und positive Ladung. Diese Heliumatome treten bereits als Wurfgeschosse ins Leben; sie verlassen die radioaktiven Atome mit sehr großen Geschwindigkeiten — die Anfangsgeschwindigkeit ist 10.000 bis 20.000 Kilometer in der Sekunde. Sie eignen sich also sehr gut für das atomare Billardspiel. Eine große Zahl von solchen Alphateilchen durchsetzt beispielsweise einen Gasraum. Man kann die Bahnen, die die Teilchen im Gas durchlaufen, auch sichtbar machen. (S. Abb. 7.) Im Allgemeinen sind die Bahnen der Teilchen völlig geradlinig, aber manche zeigen auch große Richtungsänderungen besonders am Ende der Bahn. Diese Richtungsänderungen weisen auf die Wirksamkeit getroffener Atommassen hin, denn Elektronen können derartiges wegen ihrer äußerst geringen Masse ebensowenig verursachen, wie etwa ein Ping-Pong-Ball auf dem Billardtisch die auf ihn treffende Elfenbeinkugel merklich ablenken kann. Wenn die Masse des getroffenen Atomes selbst nicht sehr groß ist im Vergleich mit der Masse des stoßenden α-Teilchens, so bekommt das getroffene Atom unter Umständen eine so große Geschwindigkeit, daß es selber eine lange Bahn, die natürlich ebenso sichtbar gemacht werden kann, beschreibt. (S. Abb. 8.) Allerdings darf man sich den atomaren Stoß nicht allzu primitiv mechanisch vorstellen. Wie schon erwähnt, muß das Atom außer den elektrisch negativen Elektronen auch positive Ladung enthalten. Da die positive Ladung noch vor nicht sehr langer Zeit nur als an materielle Träger gebunden bekannt war, so lag es nahe anzunehmen, daß sie auch im Atom an die Masse gebunden ist. Der Stoß erfolgt aber dann zwischen zwei positiv geladenen Körpern, denn auch das stoßende α-Teilchen ist ja positiv geladen. Unter diesen Umständen müssen aber die elektrischen Kräfte, die stets zwischen

Abb. 7. Bahnen von Alphateilchen aus einer radioaktiven Substanz. Die Strahlungsquelle befindet sich in der Fortsetzung der linken unteren Ecke des Bildes.

elektrischen Ladungen wirksam sind, ins Spiel treten. Ja, die mathematische Analyse des Stoßvorganges und der Vergleich mit der aus dem Experiment sich ergebenden Häufigkeit großer Ablenkungen zeigt sogar, daß gerade die elektrischen Kräfte es sind, die die Energieübertragung zwischen den beiden Stoßpartnern bestimmen. Die Atommassen fungieren dabei nur als die mehr oder weniger

standfesten Träger der elektrischen Kräfte. Das Ergebnis
der Auswertung dieser Stoßversuche ist folgendes:

1. Die elektrischen Ladungen der beiden Stoßpartner
wirken nach dem Coulombschen Kraftgesetz aufeinander,
mindestens bis zu einer Minimalsubstanz, die von der
Größenordnung 10^{-12} cm ist. (Das ist das gleiche Kraftgesetz, das auch zwischen zwei elektrisch geladenen Kugeln
von sichtbarer Größe wirksam
ist. Nach diesem Gesetz nimmt
die Kraft zwischen den beiden
Ladungen quadratisch mit der
Entfernung ab.)

2. Die Größe der positiven
Ladungen in Elektronenladungen ausgedrückt ist gleich der
Ordnungszahl des Elementes im
periodischen System (S. Tab. 1.)

Die chemischen Elemente
sind im periodischen System
im Großen und Ganzen nach
wachsendem Atomgewicht angeordnet. Wasserstoff hat das
relative Atomgewicht 1 und
steht an erster Stelle, Helium
hat das Atomgewicht 4 und
steht an der zweiten Stelle; es
gibt kein Element mit einem
dazwischenliegenden Atomgewicht. Lithium steht an der

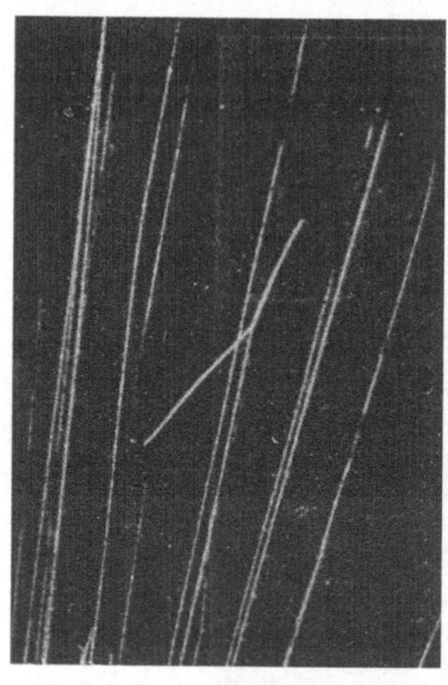

Abb. 8. Zusammenstoß eines
offenen Alphateilchens mit einem
Stickstoffatom.

Der Stoß erfolgte beinahe zentral, so
daß das Alphateilchen zurückgewor-
fen wurde, während das Stickstoffatom nahezu in der Einfallsrichtung
des Alphateilchens in Bewegung ge-
setzt wurde.

dritten Stelle und hat das Atomgewicht 6,94 u. s. f. Diese aufeinanderfolgenden Elemente haben auch verschiedene chemische Eigenschaften. Erst das zehnte Element-Neon ist wieder
ein Edelgas wie Helium und das elfte — Natrium — ein Al-
kali wie Lithium. Diese Wiederkehr gleicher oder mindestens
sehr ähnlicher chemischer Eigenschaften wird dadurch ausgedrückt, daß diese chemisch ähnlichen Elemente im perio-

Tab. 1. Periodisches System der Elemente.

Periode	Gruppe I a	Gruppe I b	Gruppe II a	Gruppe II b	Gruppe III a	Gruppe III b	Gruppe IV a	Gruppe IV b	Gruppe V a	Gruppe V b	Gruppe VI a	Gruppe VI b	Gruppe VII a	Gruppe VII b	Gruppe VIII	Gruppe 0
I	1 H 1,0081															2 He 4,00 3
II	3 Li 6,940		4 Be 9,02			5 B 10,82		6 C 12,010		7 N 14,008		8 O 16,0000		9 F 19,00		10 Ne 20,183
III	11 Na 22,997		12 Mg 24,32			13 Al 26,97		14 Si 28,06		15 P 30,98		16 S 32,06		17 Cl 35,457		18 Ar 39,944
IV	19 K 39,096		20 Ca 40,08		21 Sc 45,10		22 Ti 47,90		23 V 50,95		24 Cr 52,01		25 Mn 54,93		26 Fe 27 Co 28 Ni 55,84 58,94 58,69	36 Kr 83,7
IV		29 Cu 63,57		30 Zn 65,38		31 Ga 69,72		32 Ge 72,60		33 As 74,91		34 Se 78,96		35 Br 79,916		
V	37 Rb 85,48		38 Sr 87,63		39 Y 88,92		40 Zr 91,22		41 Nb 92,91		42 Mo 95,95		43 — —		44 Ru 45 Rh 46 Pd 101,7 102,91 106,7	54 X 131,3
V		47 Ag 107,880		48 Cd 112,41		49 In 114,76		50 Sn 118,70		51 Sb 121,76		52 Te 127,61		53 J 126,92		
VI	55 Cs 132,91		56 Ba 137,36		57 bis 71 S. Erden*		72 Hf 178,6		73 Ta 180,88		74 W 183,92		75 Re 186,31		76 Os 77 Ir 78 Pt 190,2 193,1 195,23	86 Rn 222
VI		79 Au 197,2		80 Hg 200,61		81 Tl 204,39		82 Pb 207,21		83 Bi 209,00		84 Po —		85 — —		
VII	87 — —		88 Ra 226,05		89 Ac —		90 Th 232,12		91 Pa 231		92 U 238,07					

* Seltene Erden

VI 57—71	57 La 138,92	58 Ce 140,13	59 Pr 140,92	60 Nd 144,27	61 —	62 Sm 150,43	63 Eu 152,0	64 Gd 156,9	65 Tb 159,2	66 Dy 162,46	67 Ho 164,935	68 Er 167,2	69 Tm 169,4	70 Yb 173,04	71 Cp 174,99

dischen System untereinander geschrieben werden. Die Ergebnisse der Versuche mit den α-Teilchen haben gezeigt, daß das Kriterium des Atomgewichtes für die Ordnung der Elemente im periodischen System nur angenähert richtig ist. Die Stellenzahl des Elementes im periodischen System ist vielmehr exakt gleich der Größe der positiven Ladung gemessen in Elektronenladungen als Einheit oder, was dasselbe ist, gleich der Zahl der Elektronen des elektrisch neutralen Atoms.

3. Die Masse des Atoms ist auf einen sehr kleinen Raum konzentriert im Verhältnis zur Größe des Gesamtatoms. Das ergibt sich aus einer einfachen mathematischen Überlegung. Soll das α-Teilchen beim Stoß eine merkliche Ablenkung erfahren, so muß seine kinetische Energie während der größten Annäherung an das gestoßene Atom zu einem beträchtlichen Teil in potentielle Coulombsche Energie übergehen. Der Sachverhalt ist ganz analog dem im Schwerefeld der Erde. Wenn wir etwa einen Stein vertikal in die Luft werfen, so hat er gleich nach dem Abwurf eine große Geschwindigkeit und daher auch eine große Bewegungsenergie — auch kinetische Energie genannt. Je höher der Stein steigt, desto kleiner wird seine Geschwindigkeit und Bewegungsenergie, im gleichen Masse wächst aber die potentielle Energie im Schwerkraftfeld der Erde. Diese letztere erreicht ihr Maximum im höchsten erreichten Punkt der Steigbewegung und ist dort numerisch gleich der zu Beginn der Bewegung vorhandenen Bewegungsenergie. Diese letztere ist auf dem höchsten Punkt Null. Sie hat sich eben vollständig in potentielle Energie umgewandelt. Nun kehrt der Stein um, er fälllt auf die Erde zurück und in dem Maße, wie er sich der Erde nähert, wächst wieder seine Bewegungsenergie, während im gleichen Maße seine potentielle Energie abnimmt. Es findet also zuerst eine Umwandlung von kinetischer in potentielle Energie statt und dann umgekehrt eine von potentieller in kinetische. Ganz das gleiche spielt sich beim Stoß eines α-Teilchens mit einem Atom ab. An die Stelle des Schwerefeldes der Erde tritt hier das Coulombsche Feld zwischen den beiden Ladungen.

Wenn die Mittelpunkte der atomaren Massen beide auf der Annäherungsrichtung liegen — man spricht in diesem Falle von einem zentralen Stoß — so wird das α-Teilchen immer langsamer, seine Bewegungsenergie immer kleiner, je näher es dem Atom kommt. Ist die Masse des letzteren sehr groß im Vergleich zur eigenen Masse des α-Teilchens, so wird das Teilchen sogar bis auf die Geschwindigkeit Null abgebremst u. zw. bei einer Minimaldistanz d. In diesem Moment ist die ganze ursprünglich vorhandene kinetische Energie des α-Teilchens in potentielle Energie des Coulombschen Feldes verwandelt. Daraus läßt sich leicht abschätzen, wie groß diese Minimaldistanz d ist. Die kinetische Energie besonders schneller α-Teilchen ist etwa $1{,}4 \cdot 10^{-5}$ erg. Die potentielle Energie des Coulombschen Feldes ist gegeben durch den Ausdruck: $\dfrac{Ze \cdot ze}{d}$ wo Z die Ordnungszahl des Atoms, z die des α-Teilchens ist und e die Ladung des Elektrons. Ze bzw. ze ist somit die positive Ladung des Atoms bzw. des α-Teilchens. Für das Uranatom beispielsweise ist $Z = 92$ und für das α-Teilchen ist $z = 2$, die Elektronenladung $e = 4{,}8 \cdot 10^{-10}$ absolute elektrostatische Einheiten. Für den Moment der größten Nähe der beiden Stoßpartner gilt dann also die Beziehung, daß die ursprüngliche kinetische Energie des α-Teilchens vollständig in potentielle Energie verwandelt ist, also in der Sprache der Mathematik:

$$1{,}4 \cdot 10^{-5} = \frac{92 \cdot 4{,}8 \cdot 10^{-10} \cdot 2 \cdot 4{,}8 \cdot 10^{-10}}{d}$$

Aus dieser Gleichung kann man d berechnen; es ergibt sich zu etwa $3 \cdot 10^{-12}$ cm. Dieser Wert ist offenbar eine obere Grenze für die Ausdehnung des Masseteiles des Atoms. Der letztere ist, wie genauere Überlegungen zeigen, sogar noch etwas kleiner aber immerhin von der Größenordnung 10^{-12} cm, also etwa zehntausendmal kleiner als das Gesamtatom.

Die experimentellen Erfahrungen führen also zu dem folgenden Modell des Atoms: Die Masse und die positive Ladung des Atoms sind auf einen sehr kleinen Raumteil des Gesamtatoms konzentriert von größenordnungsmäßig 10^{-12} cm Durchmesser. Dieser Teil des Atoms wird als Atomkern bezeichnet. Sonst gibt es im Atom nur noch die negativ geladenen Elektronen, die über den ganzen übrigen Raum des Atoms verteilt sind. Diese Elektronen werden durch die positive Kernladung festgehalten, weil sich ja Ladungen mit entgegengesetztem Vorzeichen anziehen. Jetzt ist es auch verständlich, warum zur Ablösung eines Elektrons Arbeit geleistet werden muß; sie muß eben zur Überwindung dieser Anziehungskraft aufgebracht werden. Man würde sogar erwarten, daß die Elektronen in den Atomkern hineingezogen werden. Um einen solchen Zusammenbruch des Atoms zu vermeiden, hat man angenommen, daß die Elektronen, ähnlich wie die Planeten des Sonnensystems, um den Atomkern als „Sonne" herumlaufen in Kreis- und Ellipsenbahnen, so daß die dabei auftretenden Zentrifugalkräfte der Anziehungskraft gerade das Gleichgewicht halten. Allerdings tritt dann eine neue, nicht geringere, Schwierigkeit auf, die daraus entspringt, daß beschleunigte elektrische Ladungen Wellenstrahlung aussenden. Aus dem damit verbundenen Energieverlust würde sich gleichfalls ein Zusammenbruch des Atoms ergeben. Dieser katastrophalen Situation war im Rahmen der alten mechanischelektrischen Theorie des Atoms überhaupt nicht zu entkommen. Hier mußten eben die grundlegend neuen Denkmethoden der Quantentheorie einsetzen. Man versteht nun auch das Auftreten mehrerer Elektronengruppen, zu deren Ablösung vom Atom verschieden große Photonen eingestrahlt werden müssen. Das bedeutet einfach, daß die Elektronen in verschiedenen effektiven Abständen vom Atomkern sich befinden. Je näher sie im Mittel ihres Umlaufes um den Atomkern an den letzteren herankommen, desto stärker werden sie von diesem angezogen und desto größer ist die zur Ablösung des Elektrons erforderliche Arbeit, ein desto größeres Photon muß demnach eingestrahlt werden. So hat beispielsweise die kernnächste Elektronengruppe, die sogenannte K-Schale, im Uranatom eine Ablösearbeit — man nennt sie auch Bindungsenergie des Elektrons — von etwa 114.000 Elektronvolt[1], die vom Atomkern aus nächstfolgende L-Schale etwa 20.000 Elektron-Volt. Genau genommen ist diese Gruppe in Untergruppen aufgespalten, deren Bindungsenergien sich etwas voneinander unterscheiden, aber im Vergleich zu ihrem Mittelwert nur wenig. Darauf folgt die M-Schale wieder mit mehreren Untergruppen mit Bindungsenergien zwischen 5500 und 3500 Elektron-Volt. Es folgt die N-Schale zwischen 2400 und 1400 Elektron-Volt u. s. f. bis man an die Peripherie des Atoms gelangt, wo die Elektronen nur noch eine Bindungsenergie von etwa 10 Elektron-Volt haben. Es ist ferner auch gelungen, die Zahl der Elektronen in jeder Schale für alle Elemente des periodischen Systems zu bestimmen. Auf die Überlegungen, die dazu geführt haben, und die im wesentlichen auf dem Studium der optischen Spektren der Atome beruhen, kann hier auch nicht andeutungsweise eingegangen werden. Es hat sich gezeigt, daß eine fast mystisch anmutende Gesetzmäßigkeit den Elektroneneinbau mit wachsender Ordnungszahl beherrscht, die auch durchwegs im Einklang ist mit der periodischen Wiederkehr ähnlicher chemischer Eigenschaften der Elemente im periodischen System. In der nebenstehenden Tabelle (s. Tab. 2) ist eine Aufstellung der Elektronenmengen in den einzelnen Schalen für alle Elemente gegeben. Die kernnächste K-Schale enthält bei a l l e n Elementen nur zwei Elektronen, die L-Schale zerfällt in zwei Untergruppen, die

---

[1] E i n Elektronvolt ist die Energie, die ein Elektron hat, wenn es eine Potentialdifferenz von ein Volt durchlaufen hat.

Die Beziehung zwischen dem mechanischen Energiemaß „Erg" und dem „Elektronvolt" ist gegeben durch: 1 Erg $= 0,63.10^{12}$ Elektronvolt.

Tab. 2. Besetzungszahlen der Elektronenschalen der Atome.

Die Hauptgruppen der Elektronen sind durch die Ziffern 1, 2 bis 7 unterschieden. Jede dieser Hauptgruppen mit Ausnahme der ersten zerfällt in zwei oder mehr Untergruppen, die durch die Buchstaben s, p, d, f charakterisiert sind. Die Ziffern in den einzelnen Kolonnen geben die Zahl der Elektronen in der betreffenden Gruppe wieder. (Die mit „Grundterm" überschriebene Kolonne kann hier nicht besprochen werden).

Element	1 s	2 $s\ p$	3 $s\ p\ d$	4 $s\ p\ d\ f$	5 $s\ p\ d$	6 $s\ p\ d$	7 s	Grundterm
1 H	1							${}^2S_{1/2}$
2 He	2							${}^1S_0$
3 Li	2	1						${}^2S_{1/2}$
4 Be	2	2						${}^1S_0$
5 B	2	2 1						${}^2P_{1/2}$
6 C	2	2 2						${}^3P_0$
7 N	2	2 3						${}^4S_{3/2}$
8 O	2	2 4						${}^3P_2$
9 F	2	2 5						${}^2P_{3/2}$
10 Ne	2	2 6						${}^1S_0$
11 Na	2	2 6	1					${}^2S_{1/2}$
12 Mg	2	2 6	2					${}^1S_0$
13 Al	2	2 6	2 1					${}^2P_{1/2}$
14 Si	2	2 6	2 2					${}^2P_0$
15 P	2	2 6	2 3					${}^4S_{3/2}$
16 S	2	2 6	2 4					${}^3P_2$
17 Cl	2	2 6	2 5					${}^2P_{3/2}$
18 Ar	2	2 6	2 6					${}^1S_0$
19 K	2	2 6	2 6	1				${}^2S_{1/2}$
20 Ca	2	2 6	2 6	2				${}^1S_0$
21 Sc	2	2 6	2 6 1	2				${}^2D_{3/2}$
22 Ti	2	2 6	2 6 2	2				${}^3F_2$
23 V	2	2 6	2 6 3	2				${}^4F_{3/2}$
24 Cr	2	2 6	2 6 5	1				${}^7S_3$
25 Mn	2	2 6	2 6 5	2				${}^6S_{5/2}$
26 Fe	2	2 6	2 6 6	2				${}^5D_4$
27 Co	2	2 6	2 6 7	2				${}^4F_{9/2}$
28 Ni	2	2 6	2 6 8	2				${}^3F_4$
29 Cu	2	2 6	2 6 10	1				${}^2S_{1/2}$
30 Zn	2	2 6	2 6 10	2				${}^1S_0$
31 Ga	2	2 6	2 6 10	2 1				${}^2P_{1/2}$
32 Ge	2	2 6	2 6 10	2 2				${}^3P_0$
33 As	2	2 6	2 6 10	2 3				${}^4S_{3/2}$
34 Se	2	2 6	2 6 10	2 4				${}^3P_2$
35 Br	2	2 6	2 6 10	2 5				${}^2P_{3/2}$
36 Kr	2	2 6	2 6 10	2 6				${}^1S_0$
37 Rb	2	2 6	2 6 10	2 6	1			${}^2S_{1/2}$
38 Sr	2	2 6	2 6 10	2 6	2			${}^1S_0$
39 Y	2	2 6	2 6 10	2 6 1	2			${}^2D_{3/2}$
40 Zr	2	2 6	2 6 10	2 6 2	2			${}^3F_2$
41 Nb	2	2 6	2 6 10	2 6 4	1			${}^6D_{1/2}$
42 Mo	2	2 6	2 6 10	2 6 5	1			${}^7S_3$

Element	1 s	2 s	2 p	3 s	3 p	3 d	4 s	4 p	4 d	4 f	5 s	5 p	5 d	6 s	6 p	6 d	7 s	Grund- term
43 Ma*	2	2	6	2	6	10	2	6	6		1							$^6D^{0}_{1/2}$
44 Ru	2	2	6	2	6	10	2	6	7		1							$^5F_5$
45 Rh	2	2	6	2	6	10	2	6	8		1							$^4F_{9/2}$
46 Pd	2	2	6	2	6	10	2	6	10									$^1S_0$
47. Ag	2	2	6	2	6	10	2	6	10		1							$^2S_{1/2}$
48 Cd	2	2	6	2	6	10	2	6	10		2							$^1S_0$
49 In	2	2	6	2	6	10	2	6	10		2	1						$^2P_{1/2}$
50 Sn	2	2	6	2	6	10	2	6	10		2	2						$^3P_0$
51 Sb	2	2	6	2	6	10	2	6	10		2	3						$^4S_{3/2}$
52 Te	2	2	6	2	6	10	2	6	10		2	4						$^3P_2$
53 J	2	2	6	2	6	10	2	6	10		2	5						$^2P_{2/2}$
54 X	2	2	6	2	6	10	2	6	10		2	6						$^2S_0$
55 Cs	2	2	6	2	6	10	2	6	10		2	6		1				$^1S_{1/2}$
56 Ba	2	2	6	2	6	10	2	6	10		2	6		2				$^1S_0$
57 La*	2	2	6	2	6	10	2	6	10		2	6	1	2				$^2D_{3/2}$
58 Ce*	2	2	6	2	6	10	2	6	10	1	2	6	1	2				$^3H_4$
59 Pr*	2	2	6	2	6	10	2	6	10	2	2	6	1	2				$^4K_{11/2}$
60 Nd*	2	2	6	2	6	10	2	6	10	3	2	6	1	2				$^5L_6$
61 Il*	2	2	6	2	6	10	2	6	10	4	2	6	1	2				$^6L_{11/2}$
62 Sm*	2	2	6	2	6	10	2	6	10	5	2	6	1	2				$^7K_4$
63 Eu*	2	2	6	2	6	10	2	6	10	6	2	6	1	2				$^8H_{3/2}$
64 Gd*	2	2	6	2	6	10	2	6	10	7	2	6	1	2				$^9D_2$?
65 Tb*	2	2	6	2	6	10	2	6	10	8	2	6	1	2				$^8H_{17/2}$
66 Dy*	2	2	6	2	6	10	2	6	10	9	2	6	1	2				$^7K_{10}$
67 Ho*	2	2	6	2	6	10	2	6	10	10	2	6	1	2				$^6L_{21/2}$
68 Er*	2	2	6	2	6	10	2	6	10	11	2	6	1	2				$^5L_{10}$
69 Tm*	2	2	6	2	6	10	2	6	10	12	2	6	1	2				$^4K_{17/2}$
70 Yb*	2	2	6	2	6	10	2	6	10	13	2	6	1	2				$^3H_6$
71 Cp*	2	2	6	2	6	10	2	6	10	14	2	6	1	2				$^2D_{3/2}$?
72 Hf*	2	2	6	2	6	10	2	6	10	14	2	6	2	2				$^3F_2$
73 Ta*	2	2	6	2	6	10	2	6	10	14	2	6	3	2				$^4F_{3/2}$
74 W	2	2	6	2	6	10	2	6	10	14	2	6	4	2				$^5D_0$
75 Re*	2	2	6	2	6	10	2	6	10	14	2	6	5	2				$^6S_{5/2}$
76 Os*	2	2	6	2	6	10	2	6	10	14	2	6	6	2				$^5D_4$
77 Ir*	2	2	6	2	6	10	2	6	10	14	2	6	7	2				$^4F_{9/2}$
78 Pt	2	2	6	2	6	10	2	6	10	14	2	8	8	2				$^3F_4$
79 Au	2	2	6	2	6	10	2	6	10	14	2	6	10	1				$^2S_{1/2}$
80 Hg	2	2	6	2	6	10	2	6	10	14	2	6	10	2				$^1S_0$
81 Tl	2	2	6	2	6	10	2	6	10	14	2	6	10	2	1			$^2P_{1/2}$
82 Pb	2	2	6	2	6	10	2	6	10	14	2	6	10	2	2			$^3P_0$
83 Bi	2	2	6	2	6	10	2	6	10	14	2	6	10	2	3			$^4S_{3/2}$
84 Po	2	2	6	2	6	10	2	6	10	14	2	6	10	2	4			$^3P_2$
85 —*	2	2	6	2	6	10	2	6	10	14	2	6	10	2	5			$^2P_{3/2}$
86 Em	2	2	6	2	6	10	2	6	10	14	2	6	10	2	6			$^1S_0$
87 —*	2	2	6	2	6	10	2	6	10	14	2	6	10	2	6		1	$^2S_{1/2}$
88 Ra*	2	2	6	2	6	10	2	6	10	14	2	6	10	2	6		2	$^1S_0$
89 Ac*	2	2	6	2	6	10	2	6	10	14	2	6	10	2	6	1	2	$^2D_{3/2}$
90 Th*	2	2	6	2	6	10	2	6	10	14	2	6	10	2	6	2	2	$^3F_2$
91 Pa*	2	2	6	2	6	10	2	6	10	14	2	6	10	2	6	3	2	$^4F_{3/2}$
92 U*	2	2	6	2	6	10	2	6	10	14	2	6	10	2	6	4	2	$^5D_0$

bei allen jenen Elementen, bei denen diese Schale bereits vollständig ausgebaut ist — das ist von Neon aufwärts — 2 bzw. 6 Elektronen enthalten, die M-Schale hat drei Untergruppen, die im voll ausgebauten Zustand 2, 6 und 10 Elektronen enthalten. Man erkennt beispielsweise aus der Tabelle, daß dieAlkalien, das sind die Elemente in der ersten Vertikalreihe des periodischen Systems das gemeinsam haben, daß ein einzelnes Elektron in einer neuen Schale vorhanden ist, u. zw. ist es bei Lithium in der L-Schale, bei Natrium in der M-Schale, bei Kalium in der N-Schale u. s. f. Eben dieser Umstand ist für das ähnliche chemische Verhalten dieser Elemente entscheidend. Die Verhältnisse in der Elektronenhülle des Atoms sind heute in allen wesentlichen Punkten vollkommen durchforscht und werden auch theoretisch beherrscht durch die von dem dänischen Physiker Niels B o h r in die Atomdynamik eingeführte Quantentheorie, die dann von dem Deutschen Werner H e i s e n b e r g, dem Österreicher Erwin S c h r ö d i n g e r, dem Engländer P. A. M. D i r a c und anderen zu großartigen Erfolgen geführt wurde.

3. Die radioaktiven Substanzen.

Daß aber damit noch nicht alle Geheimnisse des Atombaues entschleiert sind, beweist das Vorkommen der radioaktiven Substanzen. Wie schon früher gelegentlich erwähnt, wurden in den letzten Jahren des vergangenen Jahrhunderts chemische Elemente gefunden, die spontan Teilchen großer Geschwindigkeit aussenden. Da diese Teilchen zum Teil selber Atomkerne sind — wie beispielsweise die α-Teilchen — so können sie nur aus den Atomkernen dieser — radioaktive Substanzen genannten — Elemente kommen. Die Atomkerne dieser Substanzen sind eine Art von kleinen Vulkanen, die fortgesetzt Trümmer aus ihrem Inneren ausschleudern. Diese vulkanische Tätigkeit hat allerdings einen Abbau der Atomkerne dieser Stoffe zur Folge; die

Atome erleiden eine Umwandlung. Aus einem Atom, dessen Atomkern ein Teilchen ausgeschleudert hat, wird ein neues Atom, das sich chemisch gänzlich anders verhält, als das alte. (S. Abb. 9.) Die etwa 40 radioaktiven Substanzen, die gefunden wurden, lassen sich in drei sogenannte Zerfallsreihen ordnen, so daß jedes Element der Reihe aus dem ihm vorangehenden infolge einer Teilchenaussendung des letzteren entsteht. Aufeinanderfolgende Substanzen sind also stets chemisch verschiedene Elemente. In der Abb. 10 ist die populärste Zerfallsreihe wiedergegeben, die mit Uran als Muttersubstanz beginnt, und in der als fünftes Produkt der Reihe auch das Radium vorkommt. Radium B hat beispielsweise die gleichen chemischen Eigenschaften wie das Blei, das darauffolgende Radium C hingegen hat die gleichen, u. zw. g e n a u gleichen, chemischen Eigenschaften wie das Wismut. Wenn man in der Reihe weiter geht, so kommen allerdings gelegentlich wieder chemische Elemente mit den gleichen chemischen Eigenschaften, die schon einmal da waren; so hat beispielsweise das Radium D wieder genau die chemischen Eigenschaften von Blei. Es ist also so, daß Atome mit verschiedenen Atomkernen zwar meist verschiedene chemische Eigenschaften haben, sie aber keineswegs immer haben müssen. Solche Atome, die zwar verschiedene Atomkerne haben und auch verschiedene Strahlungseigenschaften aber genau gleiche chemische Eigenschaften, nennt man I s o t o p e. Die Teilchen, die beim radioaktiven Zerfall aus dem Atomkern austreten — es ist übrigens je Zerfall jeweils nur ein einziges — sind entweder selbst wieder Atomkerne, u. zw. die des Heliumatoms, oder Elektronen. Diese Elektronen, die aus dem Atomkern kommen, sind streng zu trennen von denen, die außerhalb des Kernes die Elektronenhülle aufbauen und

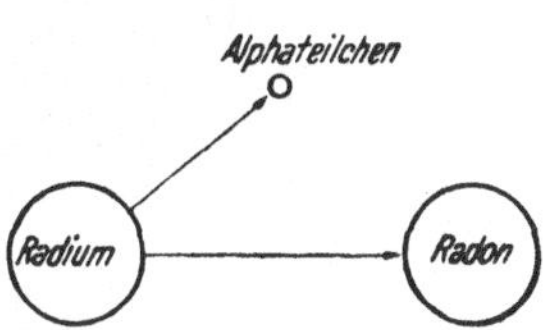

Abb. 9. Umwandlung eines Radiumatoms in ein Radonatom durch Aussendung eines Alphateilchens.

von denen früher gesprochen wurde. Neben der Teilchen-
emission tritt als Begleiterscheinung der letzteren auch
Aussendung von sehr kurzwelliger Wellenstrahlung auf, die
sogenannte Gamma-Strahlung. Das zeitliche Tempo, in dem
die Ausschleuderung der Teilchen erfolgt, ist bei den verschiedenen Substanzen sehr verschieden. Man beschreibt
dieses Tempo durch den Begriff der Halbwertszeit, das
ist die Zeit, nach deren Ablauf die Hälfte der ursprünglich

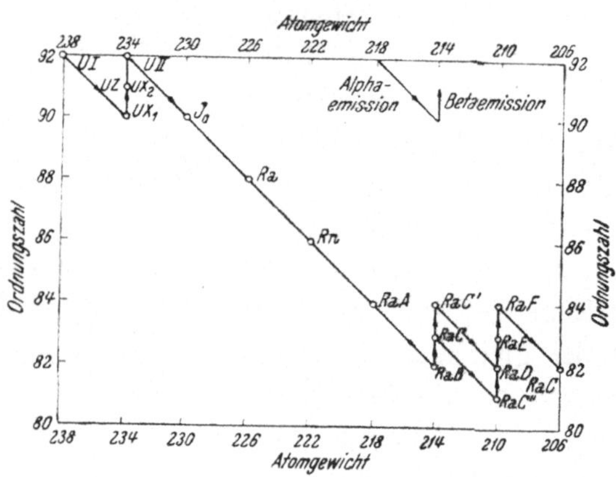

Abb. 10. Uranradiumzerfallsreihe.

Die Muttersubstanz ist Uran I (UI) in der linken oberen Ecke. Aus dieser entstehen
durch Aussendung von Alpha- und Betateilchen andere radioaktive Substanzen, bis
mit dem Radium G (RaG) ein Endprodukt entsteht, das ein stabiles Bleiisotop
darstellt.

vorhandenen Atome sich in Atome der in der Zerfallsreihe
folgenden Substanz verwandelt haben. Diese Zeit beträgt
beispielsweise bei Uran einige Milliarden Jahre, für
Radium C′ aber nur etwa den 10.000sten Teil einer Sekunde. Je größer die Halbwertszeit, desto mehr ist ge-
wichtsmäßig von dieser Substanz vorhanden. So ist das
Uran tonnenweise verfügbar, während Radium C′ in wäg-
barer Menge überhaupt nicht greifbar ist. Wenn es nicht
Teilchen aussenden würde, so würden wir von seiner
Existenz kaum etwas wissen.

Alle Versuche, diese spontanen Atomumwandlungen durch Anwendung äußerer physikalischer oder chemischer Mittel zu beeinflussen, sind ergebnislos geblieben. Weder die Geschwindigkeit der aus den Atomkernen austretenden Teilchen noch auch der zeitliche Ablauf ihrer Emission konnten dadurch im geringsten verändert werden.

Aber etwa 20 Jahre nach der Entdeckung dieser natürlichen radioaktiven Substanzen ist es gelungen, auch Atome von chemischen Elementen, die von sich aus keine spontane Umwandlung zeigen, durch geeignete Mittel zu Umwandlungsprozessen zu veranlassen.

4. Historisches zur Frage der Naturstoffe und der Stoffumwandlung.

Die Stoffumwandlung ist ein alter Traum der Menschen, der sich mindestens bis in die ersten nachchristlichen Jahrhunderte zurückverfolgen läßt. Zu einer Zeit, in der über den Aufbau der Stoffe nur die Anschauungen der antiken Philosophen vorlagen und maßgebend waren, war auch kein prinzipielles Hindernis ersichtlich, das eine solche Umwandlung hätte unmöglich erscheinen lassen. Bereits die jonischen Naturphilosophen gingen in der Abstraktion so weit, alle Dinge auf einen einzigen Urstoff zurückzuführen. Wenn auch die Anschauungen dieser Denker zweifellos zu einem erheblichen Teil reine Naturmystik waren, so zeigen manche Gedanken schon Anklänge an wissenschaftliches Denken und das Bestreben, auch wirklich zu zeigen, wie die große Vielfachheit der Dinge aus dem einen Urstoff abgeleitet werden kann. Da hat es sich auch bald als notwendig herausgestellt mehr als einen Grundstoff anzunehmen. Empedokles aus Agrigent der um die Mitte des fünften vorchristlichen Jahrhunderts lebte und lehrte, scheint als erster vier Grundstoffe angenommen zu haben, die er Erde, Wasser, Luft und Feuer nannte. Diese Grundstoffe sollten wandellos bestehen und alle qualitativen Unterschiede der Sinneserscheinungen sollten nur durch quantitativ verschiedene Mischungsverhältnisse der Grundstoffe entstehen. Mag auch die besondere Wahl dieser „Grundstoffe“ heute als naiv erscheinen — bedeutsam für die spätere Entwicklung ist die Konzeption der unwandelbaren Grundstoffe und die Zurückführung von Qualitäten auf Quantitäten. In diesem Sinne könnte man E m p e d o k l e s den Begründer der Chemie nennen. Er hat mindestens grundsätzlich versucht, die stoffliche Welt auf eine beschränkte Anzahl von Grundstoffen und deren in bestimmten Proportionen erfolgende Verbindungen zurückzuführen. Dem weiteren Nachdenken mußte sich aber nun die Frage nach der inneren Struktur der Grundstoffe und damit der Körperwelt überhaupt aufdrängen. Da lehrte D e m o-k r i t von Abdera, der etwa um die gleiche Zeit wie E m-p e d o k l e s lebte, daß die eigentlichen Grundstoffe unteilbare, unsichtbare, unwandelbare und undurchdringliche Teilchen — Atome — sind. Diese Atome unterscheiden sich durch ihre Größe und Gestalt. Die Teilbarkeit der Stoffe ist nur möglich, weil die selbst unteilbaren Atome sich im leeren Raum bewegen, in den hinein sie einem eindringenden anderen Stoff ausweichen können. Diesen Atomen gegenüber traten die früheren Grundstoffe in den Hintergrund. Diese Auffassung ist im Grunde schon die der klassischen Physik: Die stoffliche Welt ist durch mechanische Bewegung der Atome entstanden und die Stoffqualitäten sind das Ergebnis der verschiedenen mechanisch bewirkten Atomverbindungen. Erst experimentelle Entdeckungen der neueren und neuesten Zeit haben die Undurchführbarkeit einer rein mechanischen Atomistik gezeigt. Freilich auch D e m o-k r i t war nicht imstande, auf dieser Grundidee fußend, eine ins Einzelne gehende Erforschung der Naturstoffe durchzuführen, und so traten seine Lehren wieder in das Dunkel, insbesondere unter der mächtigen Nachwirkung des A r i s t o t e l e s, der den Atomismus völlig ablehnte. Die Aristotelische Physik hat die weitere Entwicklung eines physikalischen Weltbildes nicht gefördert. Er übernahm von E m p e d o k l e s die vier Grundstoffe, von denen er den Nachweis zu erbringen versucht, daß es nicht mehr als vier geben kann. Neu aber ist bei ihm, daß diese „Grundstoffe" je eine Eigenschaft gemeinsam haben. Das Feuer ist das Trockene-Warme, die Erde das Trockene-Kalte, die Luft das Feuchte-Warme und das Wasser das Feuchte-Kalte. Eben diese Zuordnung soll nach A r i s t o t e l e s beweisen, daß es nicht mehr als vier Grundstoffe geben kann. Ähnlich wie bei diesem Philosophen waren auch bei den Alchemisten des Mittelalters die „Grundstoffe" eher Eigenschaften der Naturstoffe. Bei P a r a c e l s u s beispielsweise spielten die vier Elemente des A r i s t o t e l e s nur eine sehr untergeordnete Rolle. Vielmehr werden der Mercurius, Sulfur und Sal als die Grundbestandteile der Stoffe genannt; hier sind aber unter diesen „Elementen" keineswegs die chemischen Elemente Quecksilber und Schwefel zu verstehen, sondern sie sind vielmehr eher Repräsentanten für bestimmte Verhaltungsweisen der Substanzen. So ist der Mercurius von feuriger Natur, er ist der Samen, das Belebende in allen Dingen. Der Sulfur ist gröberer Natur; er ist beispielsweise die Ursache der Metallfärbung. Sal ist das Prinzip des Körperlichen, Festen; er bewirkt die Starrheit der Körper und ist der unverbrennliche Rest bei der Verbrennung. P a r a c e l s u s beruft sich bei diesen Feststellungen auf die chemische Analyse, welche stets auf diese Grundstoffe führt: Was brennt, ist Sulfur, was raucht und sublimiert, ist Mercurius, was als unverbrennliche Asche zurückbleibt, das ist Sal. Auch die Metalle sollen aus diesen drei Materien geboren sein, wie sich P a r a c e l s u s ausdrückt. Es ist daher auch möglich, die Metalle ineinander zu verwandeln. Die Umwandlung wird mittels der Arcana bewerkstelligt. Man findet in Geschichtswerken über die Alchimie bei aller Kritik dieser Versuche doch manchmal die Meinung vertreten, daß es unter den zahllosen Alchimisten auch einige wenige wirkliche Adepten gegeben habe, die imstande gewesen wären, Queck-silber oder Blei in Gold zu verwandeln. Nach dem heutigen Stande des physikalisch-chemischen Wissens ist das aber ganz unwahrscheinlich. Wir kennen heute die energetischen Bedingungen, die zu einer solchen Umwandlung führen; diese sind aber durch die chemischen Methoden des Schmelzens, Lösens und Destillierens nicht herstellbar. Einige Denker des beginnenden 17. Jahrhunderts zogen wieder die alten „Grundstoffe" Erde, Wasser und Luft in Erwägung. Sie sagten sich mit Recht, daß diese Stoffe nicht inein-ander verwandelbar sind. Sie wurden demnach „wieder als unwandelbare Substanzen aufgefaßt und sogar die drei „Grundstoffe" des Paracelsus — Mercurius, Sulfur und Sal — sollten aus Erde, Wasser und Luft, u. zw. jeder aus je zweien der letzteren zusammengesetzt sein. Erst all-mählich befreiten sich vorurteilslose Forscher von diesen überkommenen Lehren, indem sie sich in erster Linie von der Beobachtung der Natur selbst leiten ließen. Die chemi-sche Experimentierkunst nahm zu und erwies die Vorstel-lungen der Alchimisten als abwegig. Der Arbeit vieler Forscher ist es gelungen, die wahren chemischen Grund-stoffe — die Elemente — aus den Verbindungen zu extra-hieren. Auch die Korpuskulartheorie der Materie — die Atomistik — gewann neues Ansehen in dem Maße, als man von der Aristotelischen und der unter seinem Einfluß ste-henden Substanzlehre zu der wohl gedanklich primitiveren, aber für den Fortschritt der Naturwissenschaften weit fruchtbareren Konzeption der geist- und seelenlosen Materie überging. Pierre Gassendi, der 1592 in Digne geboren wurde, wird das Verdienst zugesprochen, die Atomistik nach der mittelalterlichen Pause, wieder ans Licht gebracht zu ha-ben. Seine Ansichten sind sehr ähnlich denen der antiken Atomisten und er versucht eine Reihe von Naturerscheinun-gen auf dieser Grundlage zu erklären. Auch bei ihm unter-scheiden sich die Atome, die übrigens zwar in unvorstellbar großer aber doch endlicher Menge vorhanden sein sollen, nur durch Größe, Schwere und Gestalt. Selbst das größte Atom ist noch unsichtbar. In der verschiedenen Gestalt der Atome findet die große Verschiedenheit der Gegenstände der Sinnenwelt ihre Begründung. Dem leeren Raum wird eine völlig gegenständliche Existenz zugesprochen. Mögen die speziellen Annahmen und die Erklärungsversuche in dieser Zeit auch sehr lücken- und vielfach fehlerhaft sein, die einzigartige Verwendbarkeit der Atomhypothese zur Erklärung mindestens der anorganischen Natur wurde seither nicht mehr aus dem Auge verloren. Sie bekam schließlich ihre volle wissenschaftliche Sanktion durch D a l t o n (1803). Es waren allerdings nicht mehr ganz die gleichen Atome. Während bei G a s s e n d i die Atome dank der Beschaffenheit ihrer Oberflächen aneinanderhaften, kann nach der inzwischen durch Newton erfolgten Entdeckung der allgemein herrschenden Anziehungskraft der Körper diese weitgehende Spezialisierung des Aussehens der Atome fallen gelassen werden. Die Chemie war zu dieser Zeit bereits den ersten Kinderschuhen entwachsen. Insbesondere der Begriff des chemischen Elementes war verhältnismäßig stabil geworden. L a v o i s i e r gab in seinem im Jahre 1789 erschienenen Traité Elementaire de Chimie im wesentlichen nur die Gedanken seiner Vorgänger wieder, wenn er für die chemischen Elemente die Definition gibt: „die einfachen und unteilbaren Moleküle, welche die Körper zusammensetzen ... das letzte Glied, zu welchem die Analyse gelangt, alle Stoffe, welche wir bisher noch durch kein Mittel zerlegen konnten, sind für uns Elemente." Er führte in seinem Lehrbuch als Elemente auf: Sauerstoff, Stickstoff, Wasserstoff, Schwefel, Phosphor, Kohlenstoff, Kupfer, Eisen, Blei, Quecksilber, Silber und Gold. Freilich unterliefen ihm auch einige Irrtümer, indem er verschiedene Aluminium- und Magnesiumverbindungen als „Erd"-Elemente ansah. Von eigenen Experimentaluntersuchungen und solchen Jeremias Benjamin R i c h t e r s (1762—1807) ausgehend führte D a l t o n nun erstmalig zu ihrer Deutung die Atomhypothese in einer wissenschaftlichen Weise in die Chemie ein. Es zeigte sich, daß sich die chemischen Elemente nur in einem einzigen oder in einigen wenigen Gewichtsverhältnissen, die dann kleine ganze oder rationale Vielfache sind, miteinander verbinden. Dieser Befund war dann einfach so zu verstehen, daß sich jedes Atom des einen Elementes mit einem einzigen oder einigen wenigen Atomen des anderen Elementes verbindet. Das Gewichtsverhältnis ist dann entweder das Verhältnis der Gewichte der Atome oder ein kleines Vielfaches davon. Damit war auch die Möglichkeit gegeben, die relativen Atomgewichte zu messen. Es waren zu dieser Zeit andere Tatsachen bekannt und es wurden weitere gefunden, die im Lichte der Atomhypothese geradezu selbstverständlich wurden. Keine dieser Tatsachen war zwar als strikter Beweis für die atomistische Struktur der Stoffe anzusehen, aber sie ließen sich auf dieser Basis am einfachsten verstehen. Ihren eigentlichen Triumph hatte die Atomhypothese in der kinetischen Gastheorie. Diese Theorie leitet sämtliche Eigenschaften der Gase aus der Vorstellung submikroskopischer Teilchen im leeren Raum ab, die sich in einer dauernden völlig ungeordneten Bewegung befinden. Diese Bewegung ist auch die Ursache der Temperatur der Körper. Es bedarf dann zur Erklärung des Wärmeinhaltes der Stoffe keiner besonderen Wärmeatome mehr, wie sie beispielsweise noch G a s s e n d i annehmen zu müssen glaubte. Dieser Theorie verdankt man auch die erste Größenbestimmung der Atome. Josef L o s c h m i d t hat 1856 gezeigt, daß sie unter der Annahme der Kugelform einen Durchmesser von nur wenigen Zehnmilliontel eines Millimeters haben. Wie bereits früher ausgeführt, hat die zunehmende Experimentierkunst und die Entdeckung der Röntgenstrahlen es ermöglicht, die Existenz der Atome direkt nachzuweisen, sie in einem gewissen Sinne sichtbar zu machen und ihre Größe und sogar ihre innere Struktur zu bestimmen.

Nach diesen kurzen historischen Betrachtungen, die gar nicht den Anspruch auf Vollständigkeit machen, wenden wir uns im folgenden zu den neuzeitlichen Untersuchungen über die Atomumwandlung.

5. Die künstliche Atomumwandlung.

Um eine Atomumwandlung, oder wie der heute gangbare Terminus lautet — Atomkernreaktion, kurz auch Kernreaktion — herbeizuführen, müssen die Atomkerne zur Berührung gebracht werden, ähnlich wie dies bei chemischen Reaktionen mit den Gesamtatomen geschieht. Bei den chemischen Reaktionen treten nur einige ganz außen an der Peripherie des Atoms gelegene sogenannte Valenzelektronen in Wechselwirkung, was zur Molekülbildung führen kann. Weiter innen liegende Elektronen kommen sich auch bei den chemischen Reaktionen nicht genügend nahe, um einander in beobachtbarer Weise beeinflussen zu können. Schon gar nicht ist das für die Atomkerne möglich, da die beiden dazwischen liegenden Atomhüllen einen Kontakt der Kerne verhindern. Um letzteres zu erreichen, müßten vorher sämtliche Elektronen der Hülle zumindestens bei einem der reagierenden Atome entfernt werden. Das ließe sich prinzipiell durch sehr starke Erhitzung der Materie erreichen, aber eben nur prinzipiell. Denn schon bei den leichtesten Kernen wären dazu Temperaturen von etwa einer Million Grad notwendig, bei den schweren Kernen mehr als eine Milliarde Grad. Solche Temperaturen mögen im Inneren der Fixsterne vorkommen; dort könnten dann neben den gewöhnlichen chemischen Reaktionen auch Kernreaktionen vorkommen. Im Laboratorium hingegen ist die Herstellung so hoher Temperaturen unmöglich. Das ist auch der Grund, warum eine Elementverwandlung großen Stils im Sinne der Alchimisten auch heute noch nicht möglich ist.[1]

---

[1] In der jüngsten Vergangenheit hat allerdings die Uranspaltung einen Weg zu einer Elementumwandlung im technischen Ausmaß gezeigt. (Siehe S. 64 ff.)

Der moderne Atomforscher hat auf einem gänzlich
anderen Wege echte Atomumwandlungen erzielen können,
wobei ihm die Natur selber zu Hilfe kam. Sie gab ihm
nackte Atomkerne, d. h. Atome ohne Elektronen für seine
Versuche. Es sind das die α-Partikel der radioaktiven Substanzen. Diese Partikel haben bekanntlich noch eine zweite
Eigenschaft, die sie erst zur Auslösung einer Kernreaktion
befähigt, nämlich eine große Geschwindigkeit. Der Umstand, daß die Atome keine Elektronen haben, würde für
sich allein noch gar nicht ausreichen, um eine Kernreaktion
einzuleiten. Jeder Atomkern ist nämlich gegen einen anderen — bildlich gesprochen — durch eine mehr oder minder hohe Mauer abgeschlossen, die durch die elektrostatische Abstoßung zwischen elektrischen Ladungen bedingt ist.
Beide Kerne sind ja positiv geladen und in einem Abstand
von etwa 10^{-12} cm stoßen sich beispielsweise zwei Helium-
atomkerne mit einer Kraft von etwa einem Kilogramm ab.
Um diese Kraft zu überwinden, wäre wieder eine Erhitzung
der Materie auf Millionen von Graden nötig. Dann würden
die Kerne eine solche Geschwindigkeit erreichen, daß sie
unter Überwindung dieser abstoßenden Kraft miteinander
zur Berührung kommen könnten. Damit wäre dann auch
die notwendige Bedingung für das Einsetzen einer Kernreaktion erfüllt. Es ist demnach ein großer Glücksfall, daß
uns die Natur in den α-Partikeln nicht nur reine Atomkerne
liefert, sondern überdies noch mit großer Geschwindigkeit.
So ist es im Jahre 1919 dem großen englischen Atom-
physiker Lord Ernest R u t h e r f o r d gelungen, das Stickstoffatom in Sauerstoff und Wasserstoff aufzuspalten. Das
ist so zu verstehen: Das α-Teilchen dringt in den Atomkern
des Stickstoffatoms ein und bildet mit diesem einen neuen
Atomkern. Dieser ist aber nicht beständig, sondern fällt
in zwei neue Atomkerne auseinander, von denen der eine
ein Sauerstoffkern, der andere ein Wasserstoffkern ist. Man
schreibt diese Kernreaktion in der Form: $^{14}_{7}N + {}^{4}_{2}He \rightarrow$
$\rightarrow {}^{17}_{8}O + {}^{1}_{1}H$ (I); N, He, O, H sind bezüglich die chemi-

schen Symbole für Stickstoff, Helium, Sauerstoff und Wasserstoff. Die Zahlenindices an den chemischen Symbolen links oben bedeuten die Zahl der elementaren Masseneinheiten des betreffenden Atomkernes. Welcher Art diese sind, soll später erörtert werden. Man nennt diese Zahl auch „Massenzahl". Der Zahlenindex an den chemischen Symbolen links unten bezeichnet die Ordnungszahl des betreffenden Elementes im periodischen System. Man könnte diesen Index auch fortlassen, da die Natur des chemischen Elementes bereits durch das chemische Symbol völlig eindeutig bestimmt ist. Die Summe der oberen Indices auf der einen Seite der Gleichung muß stets gleich der entsprechenden Summe auf der anderen Seite sein. Das gleiche gilt auch für die unteren Indices. In unserem Beispiel ist links oben: $14 + 4 = 18$ und rechts oben: $17 + 1 = 18$ bzw. bei den unteren Indices $7 + 2 = 9$ auf der linken und $8 + 1 = 9$ auf der rechten Seite. Man kann die Reaktion auch als mathematische Gleichung schreiben, muß dann aber die Tatsache berücksichtigen, daß im allgemeinen die Summe der Massen der reagierenden Kerne (linke Seite) verschieden ist von der Summe der bei der Umwandlung neuentstehenden Kernmassen (rechte Seite). Der Unterschied gibt die Energietönung Q des Umwandlungsprozesses. Man schreibt demnach: $^{14}N + {}^{4}He = {}^{17}O + {}^{1}H + Q$. Ist die Summe der neuen Massen größer als die der ursprünglichen, so kann die Kernreaktion nur durch Energiezufuhr eingeleitet werden. Q hat in diesem Falle das negative Vorzeichen und man spricht in Analogie zu den chemischen Reaktionen von einem endothermen Prozeß, im entgegengesetzten Fall, wo also Q positiv ist, wird bei der Umwandlung Energie gewonnen, der Prozeß verläuft exotherm. Meßbar ist die Größe des Energiegewinnes bzw. Verlustes durch die kinetische Energie der an der Reaktion beteiligten Kerne. Da Massen und Energieen zusammengenommen bei der Umwandlung wegen des Satzes von der Erhaltung der Energie keine Änderung erleiden können, so kann die letzte Gleichung vollständig so geschrieben werden: $^{14}N + {}^{4}He + + E_{He} = {}^{17}O + {}^{1}H + E_O + E_H$. Auf der linken Seite steht die Summe der Ausgangsmassen und der kinetischen Energie, mit der das α-Teilchen in den Stickstoffkern eintritt, auf der rechten Seite ist hingeschrieben die Summe der neuentstehenden Massen und der kinetischen Energieen, die der Sauerstoff- und der Wasserstoffkern nach ihrer Entstehung haben. Hierbei ist angenommen, daß der Stickstoffkern praktisch unbewegt ist. Es ist dabei zu beachten, daß alle Größen, die in der Gleichung vorkommen, natürlich im gleichen Maß ausgedrückt werden müssen, wie in jeder mathematischen Gleichung. Die Massen werden im allgemeinen in Gramm angegeben, die Energien in Erg oder noch häufiger in Elektronvolt. Sind sie in Elektronvolt gegeben, so muß man sie durch $0{,}63 . 10^{12}$ dividieren, um die Energieen in Erg zu bekommen. Diese Werte müssen weiter durch das Quadrat der Lichtgeschwindigkeit dividiert werden, um auch die Energieen in Gramm auszudrükken. Diese letztere Umrechnung beruht auf der allgemein gültigen Beziehung, daß jede Masse M einer Energie E gleichwertig ist, die aus der Masse durch Multiplikation mit dem Quadrat der Lichtgeschwindigkeit c erhalten wird, also $E = M . c^2$. Gerade die Kernumwandlungsversuche haben die Richtigkeit dieser Beziehung, die ein Ergebnis der theoretischen Physik, und zwar der Relativitätstheorie ist, in hunderten von Fällen ausnahmslos bestätigt. Durch Vergleich der beiden Gleichungen ergibt sich für die Energietönung $Q = E_O + E_H — E_{He}$. Mißt man die kinetischen Energieen, und das ist experimentell möglich, so kann man demnach die Energietönung leicht berechnen.

Quantitativ besteht zwischen den chemischen Atomreaktionen und den Kernreaktionen ein gewaltiger Unterschied. Die Verbrennung des Kohlenstoffes zu Kohlendioxyd, also die chemische Reaktion: $C + O_2 = CO_2 + Q$ ist exotherm und liefert pro Kilogramm Kohlenstoff eine

Energie von 8000 Kilo-Calorieen[1]. Die Kernreaktion, die wir eben besprochen haben, ist endotherm, d. h. es muß Energie zugeführt werden. Um ein Kilogramm Stickstoff in der obigen Weise umzuwandeln, müßte man eine Energie von 1,9 Milliarden Kilo-Calorieen zuführen. In ähnlicher Größenordnung liegen auch die Energietönungen der anderen Kernreaktionen, ob sie nun endo- oder exotherm sind. Man sieht, welche umwälzende Bedeutung für die Energiewirtschaft exotherme Kernreaktionen hätten, wenn man sie nicht nur wie bisher an einzelnen Atomen ausführen könnte, sondern an wägbaren Mengen von Substanzen.

Gegenwärtig ist man immer noch auf die Beobachtung des einzelnen Umwandlungsprozesses angewiesen. Auch

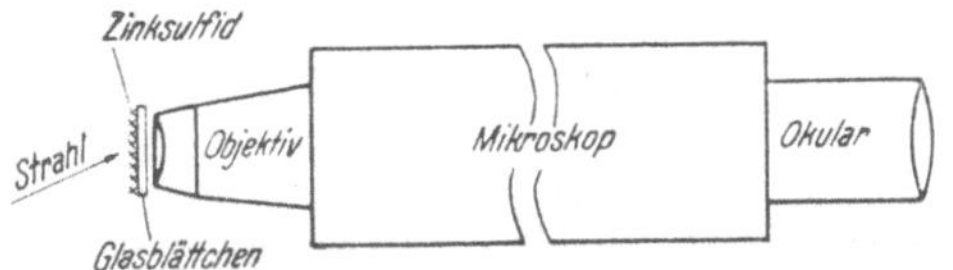

Abb. 11. Beobachtung von Szintillationen.

das ist nur möglich, weil die neuentstehenden Kerne, und zwar insbesondere der bei der Umwandlung entstehende leichte Kern große Geschwindigkeiten mitbekommen. Diese großen kinetischen Energieen können auf mehrere Arten zur Registrierung ihrer Träger verwertet werden. Die zeitlich erste und wohl auch einfachste Methode ist die Szintillationsmethode. Zinksulfid, dem winzige Mengen anderer Metallsulfide beigemischt sind, zeigt beim Auftreffen rasch· bewegter elektrisch geladener Korpuskel an der Auftreffstelle einen Lichtblitz, der mit einer lichtstarken Lupe leicht beobachtet werden kann. So können beispielsweise die bei der früher besprochenen Kernreaktion entstehenden schnellen Wasserstoffkerne — die Protonen — auf einer mit einer solchen Leuchtsubstanz bestrichenen Glasplatte aufgefangen und die beim Auftreffen erzeugten Lichtblitze durch das Glas hindurch gezählt werden. (Abb. 11.) Auf diese Weise wird

---

1 Eine Kilocalorie (kcal) ist die Wärmemenge, die nötig ist, um ein Kilogramm Wasser von 14,5⁰ C auf 15,5⁰ C zu erwärmen.

jede einzelne Kernreaktion registriert, wenigstens soweit die
Protonen auf die von der Leuchtsubstanz bedeckte Fläche
fallen, was aus geometrischen Gründen nie für alle Protonen zutreffen wird, sondern nur für einen bestimmten, aber
berechenbaren Teil derselben. Die schweren Kerne, die bei
der Kernreaktion entstehen (im obigen Beispiel ist es der
Sauerstoffkern), übernehmen sehr viel weniger Energie und
eignen sich im allgemeinen zur Beobachtung wesentlich
schlechter. Später ist es gelungen, die von einem einzelnen
elektrisch geladenen Partikel in einem gasgefüllten
elektrischen Kondensator
(Ionisationskammer) erzeugte elektrische Ladung
zu messen. Jedes schnellbewegte Teilchen von atomarer Größenordnung, das
eine elektrische Ladung
trägt, spaltet längs seines

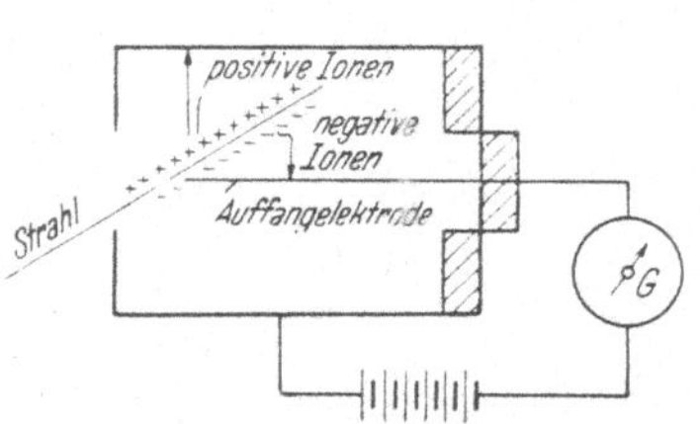

Abb. 12. Prinzip der Anordnung zur
elektrischen Registrierung schwerer
Teilchen.

Weges die Gasmoleküle in elektrisch geladene Atome
(Ionen) auf, in gleicher Weise wie die Röntgenstrahlen.
Diese Ionen werden durch das angelegte elektrische
Feld an die Elektroden des Kondensators geführt.
Werden die Kondensatorelektroden über ein geeignetes
elektrisches Meßinstrument miteinander verbunden, so
kann die durch das Partikel erzeugte Ionenmenge gemessen werden (s. Abb. 12). Freilich, diese Ladung ist so
klein, daß erst die Anwendung besonderer Mittel, beispielsweise mehrstufiger Elektronenröhrenverstärker an der
Stelle „G" in der Abb. 12, zum Ziel führt. Aus der Größe
der Ladung läßt sich in eindeutiger und ziemlich genauer
Weise die Größe der Energie des in die Ionisationskammer
eintretenden Teilchens bestimmen. Eine andere und besonders eindrucksvolle Methode ist die Nebelkammer. Auch
ihre Wirkungsweise beruht auf der Ionisation der Gase: In

einer luftdicht abgeschlossenen meist zylindrischen Kammer aus durchsichtigem Material wird eine mit einem Dampf (meist Wasser oder Alkohol) gesättigte Gasmenge eingeschlossen. (Abb. 13.) Wird nun das Volumen des Gas-Dampfgemisches so rasch vergrößert, daß während der Volumsänderung kein Wärmeaustausch mit der Umgebung möglich ist, so tritt in der Kammer Nebelbildung ein. Es zeigte sich nun, daß die Volumsänderung so abgestimmt werden

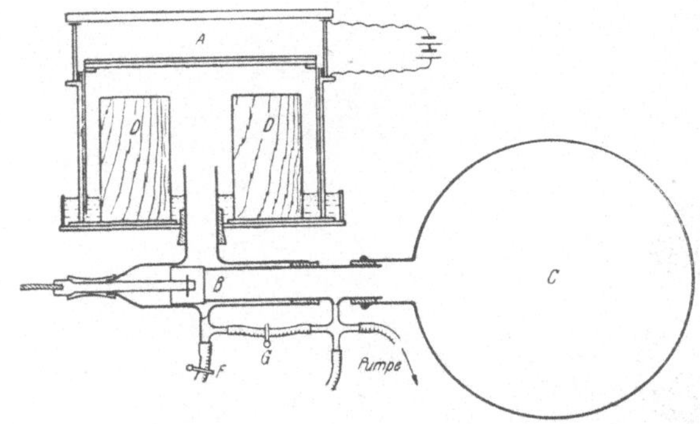

Abb. 13. Erste Nebelkammer von C. T. R. Wilson.

A ist die eigentliche Nebelkammer, in der die Strahlen, bezw. Bahnen entstehen. Die Vergrößerung des Volumens der Kammer geschieht durch Öffnen des Ventils B zu dem vorher luftleer gemachten Raum C. Infolge der dabei entstehenden Druckverminderung unter dem Boden der Kammer senkt sich der letztere ruckartig um einen durch seine Anfangsstellung gegebenen Betrag.

kann, daß sich der Dampf nur an elektrisch geladenen Atomen, den Ionen, kondensiert. Nun erzeugt aber jedes in der Kammer schnell bewegte elektrisch geladene Partikel längs seines Weges einen Ionenstreifen. Wird nun unmittelbar nach dem Durchgang des Teilchens die passende Volumsvergrößerung vorgenommen, so schlagen sich die Tröpfchen nur auf den längs der Bahn liegenden Ionen nieder und bei geeigneter Beleuchtung wird die Bahn als weißer Nebelstrich sichtbar. Mit dieser Methode wurde der überaus wichtige Nachweis erbracht, daß bei der Stickstoffumwandlung das α-Teilchen wirklich in den Stickstoffkern aufgenommen wird und denselben nicht mehr verläßt. Vor diesem direkten Beweis neigte man mehr zu der Ansicht, daß das α-Teilchen gewissermaßen nur aus dem Stickstoffkern ein Proton herausschlägt, ohne selber im Kern haften zu bleiben. Wäre diese Vorstellung richtig, so müßten nach der Kernumwandlung drei Teilchen vorhanden sein. Das

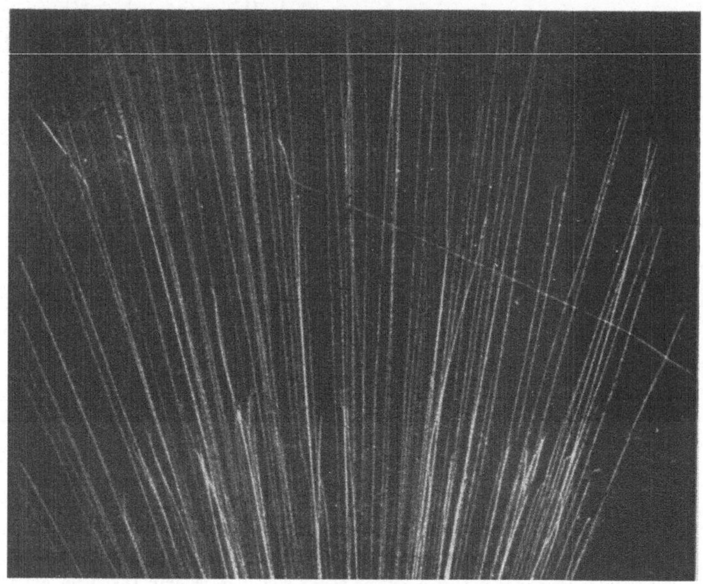

Abb. 14. Umwandlung eines Stickstoffatoms durch Alphastrahlen in der Nebelkammer.

Eine der Bahnen der in die Kammer eintretenden Alphateilchen zeigt eine Aufspaltung in zwei Bahnen. Die eine lange nach rechts verlaufende stammt von dem Umwandlungsproton, die andere kurze, die nur einen kleinen Winkel mit der Einfallsrichtung des Alphateilchens einschließt, ist dem bei der Umwandlung entstehenden Sauerstoffkern zuzuschreiben.

Nebelkammerbild zeigte jedoch nur zwei, die sich zwanglos als Sauerstoff- und Wasserstoffkern deuten lassen (s. Abb. 14). Freilich, so unmittelbar anschaulich und überzeugend die Nebelkammer Kernumwandlungen vor Augen führt, so mühsam und langwierig ist diese Methode. Beispielsweise zeigten 23.000 Photographien mit im Ganzen 400.000 α-Teilchen erst 8 Stickstoffumwandlungen. Diese ungewöhnliche Seltenheit von Kernreaktionen machte es eben erst notwendig, neue Beobachtungsmethoden auszuarbeiten. Von vorneherein wäre es ja sehr naheliegend, einfach eine chemische Analyse des mit α-Teilchen bestrahlten Stickstoffes auszuführen. Da hätte man neben dem noch nicht umgewandelten Stickstoff den Sauerstoff und Wasserstoff finden sollen. In Wahrheit liegt aber die Sache so, daß bei voller Ausnutzung der α-Teilchen von einem Gramm Radium nach einjähriger Bestrahlungsdauer erst ein Milliardstel der Stickstoffkerne in Sauerstoff und Wasserstoff umgewandelt wäre. Das ist eine chemisch noch nicht nachweisbare Menge, ja sie ist nicht einmal spektroskopisch feststellbar. Diese große Seltenheit einer Kernumwandlung ist bedingt durch die außerordentliche Kleinheit der Atomkerne im Vergleich zum Gesamtatom. In einem Vortragssaal von normaler Größe hätte nur rund ein einziges Atom Platz, wenn der Atomkern etwa Stecknadelkopfgröße hätte. Wenn man nun einen Stecknadelkopf, ohne zu zielen, in den Saal wirft, so ist es nicht sehr wahrscheinlich, damit den im Saal befindlichen Stecknadelkopf zu treffen. Man muß, um überhaupt eine vernünftige Trefferchance zu erzielen, eine sehr große Zahl von Nadelköpfen in der Sekunde in den Saal werfen. Es bleibt jedenfalls vorläufig nichts anderes übrig, als die e i n z e l n e n Umwandlungsprozesse mittels der oben geschilderten Methoden zu erfassen.

Es hat sich herausgestellt, daß fast alle Elemente bis Titan mittels α-Strahlen umgewandelt werden können, nämlich alle mit Ausnahme von Helium, Lithium, Beryllium, Kohlenstoff und Sauerstoff. Der leichtere der beiden neuentstehenden Kerne ist dabei jedesmal ein Proton. Daß schwerere Kerne als Titan nicht umgewandelt wurden, hat keineswegs einen prinzipiellen Grund, sondern rührt davon her, daß die „Mauer", die durch die elektrische Abstoßung zwischen den Kernen aufgerichtet ist, von den aus den radioaktiven Substanzen stammenden α-Partikeln nicht überstiegen werden kann.

1932 stellte sich heraus, daß es noch eine andere Art von Kernreaktionen gibt, wenn leichte Atomkerne mit α-Teilchen bestrahlt werden. Bei dieser zweiten Art von Umwandlungsprozessen tritt statt des Protons ein ganz neues bisher unbekanntes Partikel in Erscheinung, das N e u t r o n. Seinen Namen dankt es dem Umstand, daß es keine elektrische Ladung trägt. Seine Masse ist nur geringfügig größer als die des Protons, so daß erst durch sehr genaue Messungen ein Massenunterschied zwischen den beiden Elementarteilchen festgestellt werden konnte. Diese Reaktion wird durch die Beziehung: $^{14}_{7}N + ^{4}_{2}He \rightarrow ^{17}_{9}F + {} + ^{1}_{0}n$ (II) dargestellt.

Es entsteht also hier kein Sauerstoff- sondern ein Fluorkern, mit dem es allerdings eine besondere Bewandtnis hat. Nach der Entdeckung des Neutrons gab H e i s e n b e r g die wesentlichen Züge des Aufbaues der Atomkerne. Demnach sind alle Kerne aus den zwei elementaren Bausteinen, dem Proton und dem Neutron in wechselnden Mengen gebildet. Die Indices an den chemischen Symbolen in unseren Reaktionsgleichungen haben dann folgende physikalische Bedeutung: Der obere Index, den wir als Massenzahl bezeichnet haben, ist nichts anderes als die Gesamtzahl der in dem Kern enthaltenen Bausteine, Protonen und Neutronen, zusammen, der untere Index gibt die Zahl der Protonen allein, die ja gleich der positiven Ladung des Kernes gemessen in Elektronenladungen als Einheit ist, also auch gleich der Ordnungszahl des Elementes im periodischen System. Der in der Reaktion (I) entstehende Sauerstoffkern mit der Massenzahl 17 enthält demnach 8 Protonen und 9 Neutronen. Einen solchen Kern gibt es auch ohne Kernreaktion in der Natur. Er ist ein Bestandteil der Luft. Allerdings die überwiegende Zahl aller Sauerstoffkerne, nämlich 99,76%, haben nur 8 Neutronen, aber es gibt daneben 0,04% Kerne mit 9 und 0,20% mit 10 Neutronen. Gleich bleibt bei allen diesen Kernarten — man nennt sie die Isotopen des Sauerstoffes, in Übereinstimmung mit der früher gegebenen Definition — die Zahl der 8 Protonen. Die Protonenzahl ist für die chemischen Eigenschaften des Elementes bestimmend, die Neutronenzahl hingegen nicht. Isotope sind also Elemente, deren Kerne die gleiche Protonenzahl haben. Der bei der Neutronenreaktion entstehende Fluorkern hat die Massenzahl 17. In der Natur kommt aber stabil nur eine einzige Art von Fluorkernen vor, u. zw. mit der Massenzahl 19. Demnach ist zu erwarten, daß der Fluorkern mit der Massenzahl 17 nicht beständig ist, und tatsächlich zeigt das Experiment, daß der Fluorkern seinerseits ein Teilchen aussendet, u. zw. ein positiv geladenes Elektron, das den Namen Positron bekommen hat. Durch die Abgabe des Positrons wird im Kern ein Proton in ein Neutron verwandelt, der untere Index am Fluorsymbol wird um eins kleiner, also 8, d. h. aus dem Fluorkern ist ein Sauerstoffkern geworden. Der obere Index bleibt 17. Wir haben also im Endresultat wieder einen Sauerstoffkern mit der Massenzahl 17, aber statt des einen Protons ein Neutron und ein Positron. Diese zweite Hälfte der Neutronenreaktion wird geschrieben: $^{17}F \rightarrow {}^{17}O + e^+$. Der erste Teil der Umwandlung des Stickstoffkernes in den Fluorkern erfolgt in einer unmeßbar kurzen Zeit, wenn auch keineswegs sofort nach dem Eindringen des α-Teilchens in den Stickstoffkern. Die Emission des Positrons hingegen kann mehr oder minder lange auf sich warten lassen. In unserem Beispiel ist die Halbwertszeit des Fluor hinsichtlich der Positronenemission etwas über eine Minute. Die Verhältnisse sind also ähnlich wie bei den natürlichen radioaktiven Substanzen, weshalb man hier auch von einer künstlichen Radioaktivität spricht. Es gelingt auf diese Weise, durch Kernreaktionen auf künstlichem Wege radioaktive Kerne zu erzeugen, u. zw. auch bei den leichtesten Elementen, während die natürliche Radioaktivität auf die Elemente mit den größten Atomgewichten beschränkt ist. Von nicht geringerer Bedeutung als die künstliche Radioaktivität ist das Neutron. Es ist gelegentlich als das Element mit der Ordnungszahl Null bezeichnet worden, weil es ja keine Ladung also auch kein Hüllenelektron besitzt. Das ist mehr eine Sache der Bezeichnung, aber jedenfalls ist es kein stabiles Element. Nach seiner Entstehung verschwindet es schon sehr bald — in Bruchteilen einer Sekunde — u. zw. durch Anlagerung an vorhandene Atomkerne. Die Neutronen können freilich vor dieser Anlagerung noch lange Wege auch in festen Substanzen zurücklegen und beispielsweise viele Zentimeter Blei durchsetzen, ähnlich wie die γ-Strahlen der radioaktiven Substanzen. Natürlich nimmt die Geschwindigkeit der Neutronen beim Durchgang durch die Materie mehr oder weniger schnell ab, am schnellsten in den Substanzen, die leichte Atome, insbesondere Wasserstoff, enthalten. Durch elastische Stöße mit Wasserstoffkernen gibt ein Neutron im Mittel pro Stoß die Hälfte seiner kinetischen Energie an das Wasserstoffatom ab. Das führt schließlich dazu, daß Neutronen in Substanzen, die viel Wasserstoff enthalten, also beispielsweise in Wasser oder Paraffin, auf dieselbe Geschwindigkeit herunterkommen, die die Moleküle der Substanz bei der betreffenden Temperatur — meist Zimmertemperatur — haben. Diese sogenannten langsamen „thermischen" Neutronen könnte man als eine Gaszumischung zu der Substanz auffassen, allerdings mit der folgenden Besonderheit: Hört die Nachlieferung schneller Neutronen auf, so verschwinden die thermisch gewordenen Neutronen in etwa ein Zehntausendstel einer Sekunde. Sie verbinden sich mit den Protonen des in der Substanz vorhandenen Wasserstoffes zu einem neuen Element, dem schweren Wasserstoff, auch Deuterium genannt, der auch unabhängig von Kernreaktionen in sehr geringer Menge in der Natur, u. zw. im gewöhnlichen Wasser vorkommt. Im Verhältnis zum gewöhnlichen leichten Wasserstoff sind allerdings nur 0,014% schwerer Wasserstoff im Wasser enthalten. Diese langsamen Neutronen sind ein besonders wirksames Reagens zur Einleitung von Kernreaktionen. Für sie haben die Atomkerne keine elektrische

„Mauer" wie für die geladenen α-Partikel, da sie eben keine elektrische Ladung tragen und folglich auch nicht durch die positive Ladung des Atomkernes abgestoßen werden. Aus diesem Grunde gelangen auch Neutronen mit thermischen Geschwindigkeiten an die Atomkerne, ja die Wahrscheinlichkeit, von einem Atomkern eingefangen zu werden, ist in vielen Fällen für diese langsamen Neutronen sogar wesentlich — bis 100.000mal — größer als für die schnellen Neutronen und auch für die schnellen geladenen Teilchen.

Das nächste Ziel der Forschung war die Vergrößerung der Menge an umgewandelter Substanz. Die Zahl der α-Teilchen, die von den praktisch zur Verfügung stehenden radioaktiven Substanzmengen emittiert werden, scheint zwar sehr groß zu sein — ein Gramm Radium sendet in der Sekunde etwa 37 Milliarden α-Teilchen aus — aber wenn man diese Zahl vergleicht mit der Menge der Elektronen, die beispielsweise in einer Radioröhre von der Kathode zur Anode wandern, erscheint sie sehr gering. In einer Radioröhre fließt ein Strom von einigen Milliampere, d. h. es gehen in jeder Sekunde etwa 10.000 Billionen Elektronen von der Kathode zur Anode. Leider kann man mit Elektronen, noch dazu von so kleiner Geschwindigkeit, keine Kernumwandlungen durchführen. Das war bisher, mit vielleicht einer Ausnahme, nur mit Atomkernen möglich. Diese mußten auf künstlichem Wege in möglichst großer Menge hergestellt werden.

Schon im vorigen Jahrhundert, vor der Entdeckung der Radioaktivität, war eine Strahlenart bekannt, die mit den α-Partikeln der radioaktiven Substanzen eine weitgehende Ähnlichkeit hat: die K a n a l s t r a h l e n. Sie entstehen bei der elektrischen Entladung in hochverdünnten Gasen (Geißlersche Röhren). Im allgemeinen sind diese Kanalstrahlen durch das elektrische Feld beschleunigte Gasionen, die noch mehr oder weniger Hüllenelektronen haben. Nimmt man aber als Füllgas der Entladungsröhre beispielsweise Wasserstoff, dessen Ion der nackte Wasserstoffkern, das Proton, ist, so haben wir in den Wasserstoffkanalstrahlen die gewünschten Atomkerne. Bei Heliumfüllung ist es schon etwas schwieriger, in der Gasentladung die nackten Atomkerne zu erzeugen. Helium hat ja von Natur zwei Hüllenelektronen. Oft gibt das Heliumatom nur ein Elektron ab, unter geeigneten Bedingungen können auch beide Elektronen abgegeben werden. In diesem letzteren Falle haben wir reine Heliumkerne, die eine bestimmte Geschwindigkeit haben, deren Größe von der an der Entladungsröhre liegenden elektrischen Spannung abhängt. Diese Heliumkanalstrahlen unterscheiden sich von den α-Teilchen der radioaktiven Substanzen nur mehr in der Geschwindigkeit. Man kann etwa sagen, daß die α-Partikel rund 10mal größere Geschwindigkeiten haben, als man in den normalen Kanalstrahlröhren erzeugen konnte. Wollte man diesen letzten Unterschied noch beseitigen, so stand man vor der Aufgabe, Kanalstrahlröhren und Hochspannungsanlagen zu entwickeln, mit denen Kanalstrahlen der zehnfachen Geschwindigkeit und also der hundertfachen Energie erzeugt werden können. Dieses Ziel wurde auf mehreren Wegen angestrebt.

6. Erzeugung schneller Korpuskularstrahlen.

Das naheliegendste Mittel zur Erzeugung schneller Teilchen, die elektrisch geladen sind, ist die Verwendung hoher elektrischer Spannungen. Um beispielsweise Heliumkanalstrahlen zu erzeugen, die die gleiche Energie haben wie die natürlichen α-Partikel, sind elektrische Spannungen von einigen Millionen Volt erforderlich. In der Elektrotechnik werden Transformatoren gebaut, die eine Spannung von 220 Volt auf der Eingangsseite in eine Million Volt auf der Ausgangsseite umwandeln. Diese Spannung pendelt aber an jedem Pol 50mal oder noch öfter in der Sekunde zwischen plus eine Million Volt und minus eine Million Volt gegen Erdpotential hin und her. Für die Beschleunigung der Kanalstrahlen hingegen brauchen wir eine möglichst konstante Gleichspannung von dieser Größe. Das Ideal wäre zweifellos eine Akkumulatorenbatterie von einigen Millionen Volt — leider eine praktische Unmöglichkeit. Einen Ausweg brachte der Kaskadengenerator. Hier wird von einem verhältnismäßig kleinen Transformator mit einer Ausgangsspannung von 100.000 bis 200.000 Volt gegen Erdpotential eine Reihe von Kondensatoren aufgeladen, wobei durch passend eingebaute Schalter (Glühventile) dafür gesorgt ist, daß jeder Kondensator in den verschiedenen Wechselspannungsphasen immer im gleichen Sinne aufgeladen wird. Jeder Kondensator wird dabei auf den doppelten Wert der Transformatorspannung aufgeladen. Sind diese Kondensatoren in Reihe geschaltet, so liegt zwischen dem ersten und letzten Transformator schließlich eine Spannungsdifferenz von soviel mal der doppelten Transformatorspannung als Kondensatoren aufgeladen wurden, u. zw. ist diese Spannung mit großer Annäherung Gleichspannung mit, bei richtiger Wahl der Größe der Kondensatoren, nur kleinen Schwankungen um einen Mittelwert. Diese Schwankungen sind bedingt durch die von den Kondensatoren an den Verbraucher abgegebene Ladung. Die größten damit erzielbaren Spannungswerte dürften 2 Millionen Volt gegen Erdpotential nicht übersteigen. Am meisten gebaut wurden Generatoren von etwa 1,2 Millionen Volt Maximalspannung. (S. Abb. 15.)

Eine andere Methode zur Erzeugung elektrischer Höchstspannungen, die hinsichtlich Konstanz der Spannung die vorhergehende vielleicht noch übertrifft, beruht auf dem Prinzip der Elektrisiermaschine. (S. Abb. 16.)

Auf einer elektrisch isolierenden Säule ist eine Hohlkugel aus leitendem Material gelagert; an der Basis der Säule ebenso wie an ihrem oberen Ende ist eine durch Elektromotoren getriebene Rolle angebracht, über die ein geschlossenes Band aus Isolierstoff läuft. An der Basis wird auf dieses Band von einem kleinen Transformator in Gleichrichterschaltung elektrische Ladung aufgesprüht.

Diese Ladung wird durch das dauernd umlaufende Band in das Innere der Kugel geführt und dort an die Kugel abge-

Abb. 15. Kaskadengenerator.

In der Ecke des Raumes ist der kleine Hochspannungstransformator von etwa 120000 Volt Scheitelspannung sichtbar. Seine Spannung wird durch den auf dem Bilde links stehenden stufen(kaskaden)artigen Aufbau von Kondensatoren in den senkrechten Säulen und den zwischen den Kondensatorsäulen gewinkelt aufsteigenden Gleichrichtern auf eine annähernd konstante Spannung von etwa 1,25 Millionen Volt gebracht. Die beiden Säulen im Vordergrund enthalten einen Hochohmwiderstand und dienen zur Messung der erzeugten Hochspannung.

geben. Das geht solange weiter, bis die elektrische Ladung auf der Kugel so groß geworden ist, daß die resultierende elektrische Feldstärke an der Kugeloberfläche in einer Luftatmosphäre den Wert 30.000 Volt pro cm erreicht hat. Wird dieser Wert überschritten, so gibt die Kugel alle weitere Ladung an die umgebende Luft ab. Die Kugel muß umso größer sein, je höher die Spannung und je größer die Ladung auf der Kugel sein soll. Bisher sind derartige elektrostatische Generatoren mit Höchstspannungen von etwa 1 Million Volt bereits mit großem Erfolg in kernphysikalischen Untersuchungen verwendet worden. (S. Abb. 17.) Durch einen Kunstgriff kann man, ohne die Dimensionen der Kugel zu vergrößern, wesentlich höhere Spannungen erzielen, wenn der Generator in einem Hochdruckkessel untergebracht wird. Dadurch wird nämlich der oben angegebene Grenzwert der elektrischen Feldstärke an der Kugel-Oberfläche, der für den normalen Luftdruck gilt, wesentlich erhöht. Auf diese Weise konnten Anlagen für 2 Millionen Volt ausgeführt werden, die ihre Brauchbarkeit für kernphysikalische Unter-

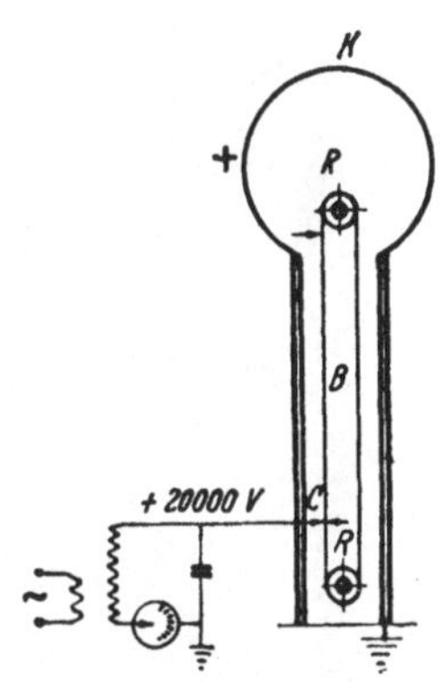

Abb. 16. Ladungstransport beim elektrostatischen Hochspannungsgenerator.

Dem über die beiden Rollen R laufenden Band B wird bei C durch die Hilfsspannung von 20000 Volt positive Ladung aufgesprüht, die auf die Kugel K gebracht wird.

suchungen gleichfalls bereits erwiesen haben. Auf dieser Linie liegt wohl auch die weitere Entwicklung des elektrostatischen Generators nach höheren Spannungen. Der größte elektrostatische Generator in Luft von Normaldruck ist eine Doppelanlage mit zwei Kugeln von je 5 Meter Durchmesser, die auf zwei 7 Meter hohen Säulen liegen. Die eine Kugel wird negativ aufgeladen, die andere positiv. Das Innere der Kugeln ist als Laboratorium eingerichtet mit einem kleinen elektrischen Kraftwerk zur Stromversorgung, so daß während des Betriebes, während also die Kugeln auf hoher Span-

nung liegen, Personen im Inneren der Kugeln etwa erforderliche Arbeiten vornehmen können. Die Ladung trans-

Abb. 17. Elektrostatischer Generator für eine Million Volt.

Das ladungführende Band wird seitwärts von der Rückwand her in die Kugel
eingeführt. Man sieht auf dieser Wand auch die Anordnung zur Erzeugung der
Hilfsspannung. Im Inneren der Kugel befindet sich die Ionenquelle. Diese Ionen
treten in die senkrechte Beschleunigungsröhre (Bildmitte) aus Glas ein. Sie
laufen durch zylindrische Metallröhren, die voneinander getrennt, koaxial hinter-
einander im Rohrinnern liegen. Die außerhalb der Röhre sichtbaren Metallringe
sind mit den inneren Zylindern verbunden und sorgen für eine günstige Verteilung
der Gesamtspannung längs der Beschleunigungsröhre. Der Austritt der Strahlen
erfolgt in einen unter dem Fußboden befindlichen Experimentierraum.

portierenden Bänder — es sind deren mehrere — sind je
ein Meter breit und laufen mit einer Geschwindigkeit von

20 Meter in der Sekunde über die Rollen. Es ist klar, daß in der Sekunde umso mehr Ladung auf die Kugel gebracht wird, je größer die Zahl der Bänder, ihre Breite und ihre Geschwindigkeit ist. Die maximal erreichbare Spannung an den Kugeln beträgt etwa 3 Millionen Volt. Wenn die beiden Kugeln auf entgegengesetzte Spannungen gebracht werden, so wäre eine Spannungsdifferenz von 5 bis 6 Millionen Volt zu erwarten. Die größere Schwierigkeit tritt aber bei der Konstruktion der Kanalstrahlenröhre auf, an die eine solche ungewöhnliche Spannung angelegt werden soll.

Bei solchen und auch schon kleineren Spannungen muß die Kanalstrahlenröhre in zwei Teile getrennt werden, die eigentliche Kanalstrahlenröhre, in der die Protonen, Deuteronen oder Heliumkerne erzeugt werden und an der für diesen Zweck nur eine Spannung von einigen 10.000 Volt liegt, und die Nachbeschleunigungsröhre, in die die Kerne aus der als bloße Ionenquelle wirkenden Kanalstrahlenröhre eintreten. An dieser Nachbeschleunigungsröhre liegt nun die hohe Spannung, die durch die eben geschilderten Höchstspannungsgeneratoren erzeugt wird. Aus hochspannungstechnischen Gründen muß die Beschleunigungsröhre mehrfach durch Metallelektroden unterteilt und die gesamte Spannungsdifferenz längs der Beschleunigungsstrecke aufgeteilt werden .Aus dem von der Hochspannungsseite abgewandten Teil der Röhre treten die Kerne mit großer Geschwindigkeit aus und können beispielsweise zur Herbeiführung einer Kernreaktion verwendet werden. In der Praxis liegt die Austrittsstelle der beschleunigten Partikel meist auf Erdpotential. Durch diese Beschleunigungsröhren können bei sorgfältiger Bauart und Justierung Ströme bis zu 1 Milliampere gehen, das sind Partikelmengen, wie sie etwa von einigen hundert Kilogramm Radium emittiert würden, wenn soviel Radium überhaupt verfügbar wäre.

Eine besonders sinnreiche Methode, um geladene Partikel größter Geschwindigkeit zu erzeugen, ohne die Verwendung der entsprechenden hohen elektrischen Spannungen, ist das von dem amerikanischen Physiker L a w r e n c e entwickelte Z y k l o t r o n. Bei diesem Apparat ist ein homogenes Magnetfeld mit einem hochfrequenten elektrischen Wechselfeld in der nachfolgend beschriebenen Weise kombiniert. (S. Abb. 18.)

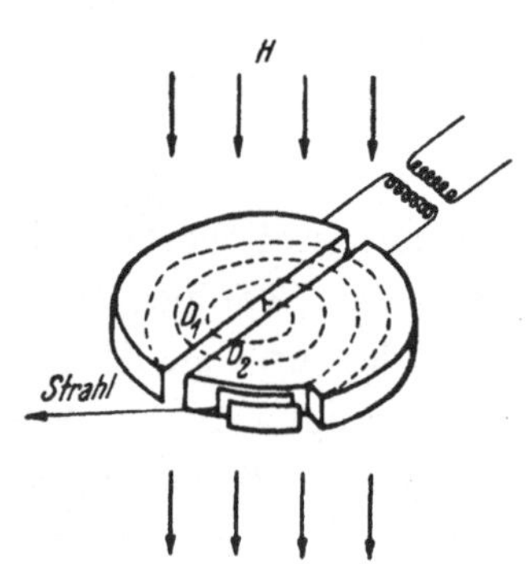

Abb. 18. Arbeitsweise des Zyklotrons.

An die beiden Dosenhälften D_1 und D_2 werden die Pole einer Wechselspannungsquelle gelegt. Das Magnetfeld — angezeigt durch die Pfeilrichtung — steht senkrecht zur Dose. Der allgemeine Verlauf der Teilchenbahnen im Inneren der Dose ist durch die strichlierte Linie angedeutet. Die Teilchen werden am Rande der Dose mittels eines elektrischen Hilfskondensators in die Pfeilrichtung abgelenkt und treten aus der Dose (Beschleunigungskammer) ins Freie.

Zwischen den Polschuhen eines großen Elektromagneten befindet sich eine flache Metalldose, die längs eines Durchmessers in zwei Hälften geteilt ist. An diese beiden Hälften werden die Pole einer elektrischen Wechselspannungsquelle gelegt. Im Zentrum der Dose werden leichte oder schwere Wasserstoffkerne oder auch Heliumkerne, je nach der gewünschten Strahlenart, entweder durch Ionisation des Füllgases der Dose oder durch Speisung aus einer besonderen Ionenquelle erzeugt. Diese Kerne haben eine, wenn auch kleine Anfangsgeschwindigkeit. Wird nun das Magnetfeld eingeschaltet, so beschreiben die Kerne geschlossene Kreisbahnen im Inneren der Dose, ohne daß sich dabei ihre Geschwindigkeit ändern würde. Wird aber nun an die beiden Dosenhälften eine elektrische Spannung gelegt, so wird bei einer bestimmten Polung beim Übertritt der Teilchen von einer Dosenhälfte in die andere die Geschwindigkeit der Teilchen beispielsweise vergrößert. Die Teilchen werden dann wieder innerhalb der Dosenhälfte einen Kreis beschreiben und schließlich auf der anderen Seite wieder in die erste Dosenhälfte zurückkommen. Hat sich das elektrische Feld in der Zwischenzeit nicht geändert, so werden die Teilchen jetzt beim Übertritt um ebensoviel verlangsamt werden als sie beim vorhergehenden Übertritt in der entgegengesetzten Richtung beschleunigt wurden. Damit wäre also nichts erreicht. Wenn aber das Feld in der Zwischenzeit das Vorzeichen geändert hat, dann wird beim zweiten Übertritt wieder eine Beschleunigung eintreten. Die Frequenz des Wechselfeldes muß so abgestimmt werden, daß das Feld gerade einmal sein Vorzeichen ändert, während die Teilchen einen Halbkreis beschreiben. Dabei werden die Radien der Teilchenbahn umso größer, je schneller die Teilchen werden; die Teilchen nähern sich also in vielen Umläufen dem Rand der Dose. Durch einen elektrischen Hilfskondensator werden sie schließlich aus der Dose herausgezogen und können durch eine dünne Folie in die Luft austreten. Der luftdichte Verschluß der Dose durch eine dünne Folie ist unerläßlich, da ja nur eine sehr geringe Gasmenge (geringer Gasdruck) in der Dose sein darf. Die elektrischen Spannungen, die hier zur Anwendung kommen, betragen nur einige 10.000 Volt. Da die Wechselfrequenz in der Größenordnung 10^7 in der Sekunde ist, entsprechend einer Wellenlänge von etwa 30 Metern, wird das Feld durch einen leistungsfähigen Kurzwellensender erzeugt. Der Energiebedarf schon eines mittelgroßen Zyclotron für den Betrieb von Sender und Magnetfeld ist sehr beträchtlich und kann auf etwa 100 Kilowatt geschätzt werden. Mit diesem Apparat können weit schnellere Teilchen erzeugt werden, als mit allen bisherigen und wohl auch zukünftigen elektrischen Höchstspannungsanlagen. Mit einem Zyklotron in Berkeley in Kalifornien, das in Abb. 19 gezeigt ist, und einen Magneten mit 1,5 Meter Polschuhdurchmesser hat, können Protonen mit einer Energie von 8 Millionen Elektronenvolt, Deuteronen mit 16 Millionen

Elektronenvolt und α-Teilchen mit 32 Millionen Elektronenvolt hergestellt werden. In der letzten Zeit ist in Amerika ein
Mammutzyklotron im Bau, das wahrscheinlich gegenwärtig
schon fertiggestellt ist, mit einem Polschuhdurchmesser
von etwa 4,5 Metern, mit dem man Deuteronen von
100 Millionen Elektronenvolt zu erzeugen hofft.

Mit diesen künstlichen Strahlungsquellen wurde
zweierlei erreicht: Erstens konnte die Zahl der Teilchen,

Abb. 19. Zyklotron. (Aufgestellt in Berkeley in Kalifornien mit einem
Polschuhdurchmesser von 1,5 m.)

Der quaderförmige Aufbau bildet das Eisenjoch des Magneten. Die kreisförmigen
Gebilde in der Mitte des Bildes enthalten den spulenartig gewickelten Draht, der
die Polschuhe des Magneten umgibt. Der durch den Draht gehende elektrische Strom
erregt das Magnetfeld. Zwischen den Spulen erkennt man Teile der Beschleunigungskammer.

die eine Atomumwandlung verursachen, bis um das Millionenfache vermehrt werden; zweitens war man nicht
mehr nur auf α-Teilchen und Neutronen beschränkt, sondern konnte auch Protonen und Deuteronen großer
Energie für Umwandlungszwecke benützen. Ja die beiden
letzteren Arten geladener Partikelarten sind sogar weit
besser verwendbar als die α-Teilchen. So konnten beispielsweise erst mit Deuteronen starke Neutronenquellen hergestellt werden. Auch die Zahl der möglichen Arten von

Kernreaktionen wurde durch die Verwendung von Protonen und Deuteronen wesentlich vermehrt. Man kennt etwa 19 verschiedene Reaktionstypen mit mehr als 600 Einzelreaktionen.

Im folgenden werden die wichtigsten Umwandlungsarten kurz besprochen. Die Reaktionstypen werden dabei in allgemeinen Symbolen aufgeschrieben, u zw. bedeuten:

Abb. 20. Außenrand der Beschleunigungskammer mit dem Austrittsfenster, durch das ein Deuteronenstrahlenbündel von 10,2 MeV ins Freie tritt. Es durchsetzt in Normalluft 60 cm und erregt die Luft zum Leuchten.

^{A}Z einen Kern mit der Massenzahl A und der Kernladung Z, ^{2}H den Atomkern des schweren Wasserstoffes, das Deuteron, manchmal auch durch d bezeichnet, ^{1}H den Atomkern des leichten Wasserstoffes, das Proton; man bezeichnet es häufig auch mit p. ^{4}He ist der Atomkern des Heliumatoms, auch α-Teilchen genannt und ^{1}n kennzeichnet das Neutron.

$$^AZ + {}^4He \rightarrow {}^{A+3}(Z + 1) + {}^1H$$

Man bezeichnet diese Reaktionsart auch kurz als (α, p) Prozeß. Von dem Kern mit der Massenzahl A wird ein

α-Teilchen aufgenommen und aus dem so entstandenen unstabilen „Zwischenkern" tritt ein Proton aus; außerdem bleibt ein stabiler „Restkern" übrig, der die Massenzahl $A + 3$ und die Ordnungszahl $Z + 1$ hat. Diese Reaktionsart ist historisch die erste künstliche Atomumwandlung gewesen, wie schon früher an dem Beispiel der Stickstoffumwandlung gezeigt wurde.

$$^{A}Z + {}^{4}He \rightarrow {}^{A+3}(Z + 2) + {}^{1}n$$

Auch diesen Prozeß — kurz mit (α, n) bezeichnet — haben wir am Beispiel des Stickstoffes kennen gelernt. Er ist für eine große Zahl anderer Atomkerne nachgewiesen. Am bedeutungsvollsten ist die Reaktion: $^{9}Be + {}^{4}He \rightarrow {}^{12}C + {}^{1}n$. Der Berylliumkern nimmt ein α-Teilchen auf und der so entstandene Zwischenkern gibt ein Neutron ab, wobei ein Kohlenstoffkern als Restkern zurückbleibt. Dieser Prozeß wird in vielen Experimenten mit Neutronen als Neutronenquelle verwendet, weil die Ergiebigkeit an Neutronen bei dieser Umwandlung außergewöhnlich groß ist. Solche Neutronenquellen sind meist kleine Behälter aus Glas oder Metall, in denen ein Gemisch aus Radium und Beryllium oder Radon und Beryllium luftdicht eingeschlossen ist. Die aus dem Radium bzw. dem Radon und vor allem aus deren Zerfallsprodukten, die sich ja in dem Behälter ausbilden, austretenden α-Teilchen dringen in Berylliumatomkerne ein; dabei wird jedesmal ein Neutron emittiert, das durch die Wand des Einschlußgefäßes in's Freie tritt. Diese Neutronen können dann ihrerseits wieder Kernumwandlungen an anderen Substanzen hervorrufen, wozu sie auch in vielen Fällen verwendet werden. Man nennt solche Neutronenquellen kurz Radium-Berylliumquellen bzw. Radon-Berylliumquellen. Die entstehenden Restkerne anderer Reaktionen zeigen häufig künstliche Radioaktivität aber nicht immer.

$$^{A}Z + {}^{1}H \rightarrow {}^{A-3}(Z-1) + {}^{4}He$$

Diese Reaktionsart — kurz auch (p, α) Prozeß genannt — wurde erstmalig von C o c k r o f t und W a l t o n 1932 in C a m b r i d g e am Lithium gemäß der Gleichung $^7Li + {}^1H \rightarrow$ $\rightarrow {}^4He + {}_4He$ nachgewiesen. Es ist die erste Kernreaktion, die mit künstlich beschleunigten Teilchen gelungen ist. Nach Aufnahme des Protons in den Lithiumkern mit der Massenzahl 7 zerfällt der so entstandene Zwischenkern in zwei sehr schnelle α-Teilchen. Es genügen schon verhältnismäßig geringe elektrische Spannungen (unter 100.000 Volt), die die Protonen durchlaufen, um diese Reaktion beobachtbar zu machen. Das kommt neben anderen hier nicht diskutierbaren Gründen daher, daß die „Mauer", die die Atomkerne gegen Protonen umgibt, nur halb so hoch ist, wie die gegen α-Partikel und ferner die Zahl der einfallenden Protonen um viele Zehnerpotenzen größer ist, als die der α-Teilchen der radioaktiven Substanzen. Auch diese Umwandlungsart ist an einer großen Reihe von Kernen beobachtet worden.

$$^AZ + {}^1H \rightarrow {}^{A+1}(Z+1) + \gamma$$

Diese (p, γ) Prozesse sind reine Protoneneinfangprozesse. Es wird hier nach der Aufnahme des Protons in den Kern ^AZ kein leichter Atomkern aus dem Zwischenkern $^{A+1}$ $(Z+1)$ ausgesendet. Aber streng genommen stabil ist dieser Zwischenkern doch nicht; denn durch die Aufnahme des Protons wird Energie frei, die in Form von Gammastrahlung emittiert wird. Häufig ist der Kern $^{A+1}(Z+1)$ auch noch künstlich radioaktiv und emittiert dann ein Positron. Diese Reaktionsart zeigt besonders auffallend das R e s o n a n z p h ä n o m e n, das auch bei anderen Reaktionsarten, wenn auch meist viel weniger deutlich, beobachtet wird. Die Emission der γ-Strahlung tritt bei bestimmten Energien der in die Atomkerne eintretenden Protonen viel intensiver auf als bei nur wenig kleineren oder größeren Energien. Der Atomkern spricht offenbar auf bestimmte

Energien besonders stark an, ähnlich wie ein mechanisches schwingendes System besonders stark erregt wird, wenn seine Eigenfrequenz übereinstimmt mit der Frequenz, mit der es erregt wird.

Es soll bei dieser Gelegenheit erwähnt werden, daß Emission von γ-Strahlung auch bei Kernreaktionen auftritt, bei denen vorher ein leichter Atomkern — Proton, Deuteron, Neutron oder α-Teilchen — aus dem Zwischenkern ausgetreten ist. Meist nämlich haben die bei der Umwandlung entstehenden neuen Kerne nicht die ganze verfügbare Energie als Bewegungsenergie mitbekommen, sondern ein Teil der Gesamtenergie ist als innere Energie in den Kernen enthalten. Da der eine der beiden Kerne stets entweder selber ein Elementarteilchen — Proton oder Neutron — ist oder aus wenigen solchen besteht, wie das Deuteron und α-Teilchen, so beschränkt sich die Zurückhaltung von Energie immer auf den schwereren Restkern. Man sagt, der Kern befindet sich in einem Anregungszustand. Diese Überschußenergie gibt er dann in Form von γ-Strahlung ab, wobei er von dem Anregungszustand in den Grundzustand übergeht. Erst im Grundzustand ist der Kern stabil oder künstlich radioaktiv.

Eine sehr häufige Reaktionsart ist: $^A Z + {}^1 H \rightarrow$ $\rightarrow {}^A(Z + 1) + {}^1 n$. (p, n). Von einem Atomkern $^A Z$ wird ein Proton aufgenommen und aus dem entstandenen Zwischenkern tritt ein Neutron aus. Dabei entsteht ein Restkern, der dieselbe Massenzahl hat, wie der ursprüngliche Kern aber eine um eine Einheit größere Ordnungszahl. Nach einer allgemeinen Regel ist dieser Kern $^A(Z + 1)$ stets künstlich radioaktiv.

Wie mit den Protonen konnte auch mit den Deuteronen eine große Zahl von Kernreaktionen verwirklicht werden. So gibt es beispielsweise die Reaktion: $^A Z + {}^2 H \rightarrow$ $\rightarrow {}^{A-2}(Z - 1) + {}^4 He$, kurz (d, α)-Prozeß. Die Lithiumumwandlung mit Deuteronen: $^6 Li + {}^2 He + {}^4 He + {}^4 He$

führt so auf zwei α-Teilchen, die mit großer Geschwindigkeit auseinanderlaufen. Dieser Prozeß hat die größte bekannte positive Energietönung, mit Ausnahme der noch später zu besprechenden Uranspaltung. Bei jedem Einzelprozeß werden 22,1 Millionen Elektronenvolt frei. Ferner gibt es Deuteronenreaktionen, bei denen nach Aufnahme des Deuterons ein Proton oder auch ein Neutron emittiert wird. Da man mit dem Zyklotron ohne Schwierigkeit Deuteronen von 10 Millionen Elektronenvolt und darüber herstellen kann, sind diese Reaktionen auch bei sehr schweren Atomkernen wie Gold und anderen nachgewiesen worden.

Neben diesen Umwandlungsarten, wo stets nur ein leichter Kern und ein schwerer Restkern entsteht, gibt es auch Reaktionen, wo drei ja gelegentlich sogar vier Teilchen als Ergebnis einer Umwandlung auftreten. Beispielsweise $^{11}B + {}^{1}H \rightarrow {}^{4}He + {}^{4}He + {}^{4}He$. Den Ablauf dieses Prozesses hat man sich so vorzustellen, daß der nach dem Eintritt des Protons in den Borkern entstandene Zwischenkern ^{12}C (Kohlenstoffkern) nach einer sehr kurzen Zeit in einen Berylliumkern mit der Massenzahl 8 und in einen Heliumkern zerfällt; der Berylliumkern zerfällt aber fast augenblicklich weiter in zwei Heliumkerne, so daß im Endergebnis schließlich drei Heliumkerne mit beträchtlichen Geschwindigkeiten beobachtet werden. Ähnliches gibt es auch bei den Deuteronenreaktionen.

Von großer Bedeutung und Vielfalt sind die Reaktionen, die durch Neutronen eingeleitet werden. Die Typen: $^{A}Z + {}^{1}n \rightarrow {}^{A-3}(Z-2) + {}^{4}He$ und $^{A}Z + {}^{1}n \rightarrow {}^{A}(Z-1) + {}^{1}H$ sind bei allen leichten und mittelschweren Elementen nachgewiesen. Daß bei den schweren Kernen diese Arten weniger wahrscheinlich sind, kommt daher, daß das α-Teilchen und, wenn auch in geringerem Maße, auch das Proton die hohe „Mauer", die durch das Coulomb'sche Feld der Atomkerne gegeben ist, auch von Innen her umso schwerer überwindet, je höher diese Mauer ist, d. h. je schwerer der Atomkern ist. Es werden daher bei den ganz schweren Kernen andere Reaktionen wahrscheinlicher, z. B. $^A Z + {}^1 n \rightarrow {}^{A+1} Z + \gamma$. Durch Aufnahme des Neutrons entsteht ein um eine Masseneinheit schwerer Kern der gleichen Ordnungszahl, d. h. ein Isotop des Ausgangskernes. Das Neutron wird durch die Kernkräfte im Kern festgehalten und es muß eine Arbeit von etwa 8 Millionen Elektronenvolt dem Kern zugeführt werden, um das Neutron wieder aus dem Kern zu entfernen. Diese gleiche Energie wird nun frei, wenn das Neutron in den Kern aufgenommen, oder, wie man auch sagt, im Kern gebunden wird. Diese bei der Aufnahme des Neutrons freiwerdende Energie verläßt in Form von γ-Strahlung den Kern $^{A+1} Z$.

Es kommt auch vor, daß das Neutron in den Kern aufgenommen wird, und dasselbe oder ein anderes Neutron mit kleinerer Geschwindigkeit den Kern wieder verläßt. Dieser als u n e l a s t i s c h e S t r e u u n g des Neutrons bezeichnete Prozeß kann geschrieben werden: $^A Z + {}^1 n \rightarrow {}^A Z + {}^1 n + \gamma$. Der Energieunterschied zwischen dem Neutron vor und nach der Streuung wird als γ-Strahlung emittiert. Es kann aber auch sein, daß zwei Neutronen auftreten, allerdings im allgemeinen nur, wenn die Energie des in den Ausgangskern eintretenden Neutrons sehr groß ist. Die Reaktion $^A Z + {}^1 n \rightarrow {}^{A-1} Z + {}^1 n + {}^1 n$ ist am leichtesten realisierbar beim Beryllium, weil in diesem Kern eines der Neutronen nur sehr locker gebunden ist.

Zum Schluß soll noch ein Prozeß Erwähnung finden, der eine Parallele zum früher beschriebenen photoelektrischen Prozeß der Elektronenhülle des Atoms darstellt. Ebenso wie ein Licht- oder Röntgenquant ein Elektron aus dem Atom entfernen kann, kann ein Gammaquant, das genügend groß ist, ein Neutron aus dem Atomkern herausholen. Diese Reaktion, die man $^A Z + \gamma \rightarrow {}^{A-1} Z + {}^1 n$ schreibt, kurz auch (γ, n), heißt K e r n p h o t o e f f e k t. Mit großen γ-Quanten konnte eine beträchtliche Zahl von Atomkernen in dieser Weise umgewandelt werden.

Aus diesen Beispielen, die gar kein vollständiges Bild der gesamten Kernchemie geben wollen, ist jedenfalls zu erkennen, daß die künstlichen Strahlungsquellen eine große Vielfalt von Kernumwandlungsarten ans Licht gebracht haben. In der Richtung der praktischen Elementverwandlung freilich hat sich dadurch nichts grundlegendes geändert. Denn, selbst wenn die Ausbeute an neuen Produkten jetzt leicht auf das Millionenfache erhöht werden kann, so bedeutet das für die Praxis immer noch wenig. Wenn wir das früher diskutierte Beispiel neuerdings heranziehen: Nach einjähriger Bestrahlung von Stickstoff mit einer α-Partikelmenge, die 1000 Kilogramm Radium äquivalent ist, würde etwa 1 Promille des Stickstoff umgewandelt sein. Das ist zwar eine chemisch nachweisbare Menge, aber für eine praktische Verwertung kommt diese Methode natürlich selbst bei den kostbarsten Edelmetallen nicht in Frage. Anders liegt aber die Sache bei den künstlich radioaktiven Substanzen. Der praktische Wert aller radioaktiven Substanzen liegt ja nicht in erster Linie in ihrer gewichtsmäßigen Menge, sondern in der Intensität der von ihnen ausgesendeten Strahlung. Diese letztere kann sehr wirksam sein, obwohl die Substanzmenge, die sie aussendet, nicht sichtbar ist. Freilich hat sie dann auch eine kleine, oft sogar s e h r kleine Lebensdauer; das ist ja verständlich. Wenn von vorneherein nur wenig Atome der Substanz vorhanden sind und sich diese überdies noch sehr schnell umwandeln, so werden bald aus allen diesen Atomen neue mit anderen chemischen Eigenschaften geworden sein. Das gilt selbstverständlich für die natürlichen radioaktiven Substanzen in der gleichen Weise wie für die künstlich erzeugten. Mit den jetzt verfügbaren künstlichen Strahlungsquellen können künstlich radioaktive Stoffe in solchen Mengen erzeugt werden, daß ihre Strahlungswirkungen häufig sehr groß sind und vergleichbar mit denen der natürlichen radioaktiven Substanzen. Hier haben wir also bereits eine sehr wichtige Anwendung, insofern diese Stoffe bereits eine vielseitige und vielversprechende Verwertung in der technischen Materialprüfung, der Chemie, Biologie u. s. f. gefunden haben. Es sollen im folgenden nur einige Beispiele die großen Fortschritte, die die Anwendung der künstlich radioaktiven Stoffe gebracht hat, ins Licht stellen. Man hat in den künstlich radioaktiven Isotopen der Elemente, die sich im ganzen Bereich des periodischen Systems herstellen lassen, eine Möglichkeit, Stoffe zu „zeichnen". Damit ist folgendes gemeint: Will man das Verhalten eines Stoffes in welchem Zusammenhang immer verfolgen, so mischt man ihm eine kleine Menge von künstlich radioaktiv gemachten Atomen des gleichen Stoffes zu, also ein radioaktives Isotop. Alle Wandlungen, die der inaktive Stoff erfährt, muß sein aktives Isotop im gleichen Verhältnis mitmachen. Da es aber dank der Strahlung der aktiven Beimischung leicht ist, diese nachzuweisen, kann man daraus auch einen Schluß ziehen auf das Verhalten des inaktiven Stoffes. So läßt sich beispielsweise diese Methode der radioaktiven Indikatoren zur Prüfung chemischer Abtrennungsmethoden verwenden. Aus einem Gemisch von Gold, Platin und Iridium wurde das Gold abgetrennt. Die Auswägung des abgetrennten Goldes schien zu beweisen, daß es vollständig aus dem Gemisch extrahiert worden war. Bei einem zweiten Abtrennungsversuch wurde aber dem Gemisch vorher eine bekannte Menge radioaktives Gold zugesetzt und dann das Gold wieder abgetrennt. Die Aktivitätsmessung zeigte, daß das abgetrennte Gold eine geringere Aktivität zeigte als die ursprünglich beigemischte Menge Goldes, d. h. das Gold war doch nicht vollkommen abgetrennt worden. Die Täuschung beim ersten Versuch war dadurch entstanden, das eine dem fehlenden Gold ziemlich gleiche Menge von Platin und Iridium abgetrennt worden war, die das richtige Gewicht vortäuschte. Vielversprechende Anwendungen hat die Indikatormethode auch in der Biologie gefunden. Man kann beispielsweise dem tierischen oder pflanzlichen Organismus geeignete radioaktive Stoffe zuführen und nach gewissen Zeiten nachsehen, wie sich dieser Stoff auf die verschiedenen Teile des Organismus verteilt hat, indem man die Aktivität dieser Teile mißt.

Im Jahre 1939 wurde von den deutschen Chemikern Hahn und Straßmann eine völlig neuartige Kernreaktion entdeckt, die geeignet erscheint, eine ganz neue Situation auf dem Gebiete der Atomumwandlung zu schaffen. Es zeigte sich, daß Uran, das bekanntlich schon eine natürliche Radioaktivität aufweist, nach Aufnahme eines Neutrons in seinen Atomkern manchmal auseinanderbricht, wobei als Ergebnis dieses Kernprozesses mehr als nur ein schwerer Atomkern gebildet wird. Das war vorher nie beobachtet worden. Bei den üblichen Kernreaktionen ist es ja immer so, daß als Ergebnis der Reaktion ein ganz leichter Atomkern, nämlich ein Proton, Neutron, Deuteron oder Heliumkern entsteht; nur der andere Bestandteil ist ein größerer Atomkern. Bei Umwandlungsprozessen, in denen mehr als zwei neue Kerne gebildet werden, ist auch immer höchstens ein Kern schwerer als die vier obengenannten leichtesten Kerne, während die übrigen Kerne zu den letzteren gehören. Bei der neuen Umwandlung des Uran entsteht aber beispielsweise ein Rubidium- und ein Caesiumkern oder ein Strontium- und ein Xenonkern und es wurde eine große Zahl von solchen Paaren bei der Umwandlung neugebildeter Elemente gefunden, die alle künstlich radioaktiv sind und unter Aussendung von Elektronen über eine mehr oder minder lange Zerfallsreihe von radioaktiven Kernen schließlich in stabile Endprodukte übergehen. Dazu kommt noch ein anderer Befund von weittragender Bedeutung. Außer diesen mittelschweren Atomkernen treten jedesmal auch eine Anzahl von Neutronen auf. Es ist nun sicher, daß bei jedem solchen Umwandlungsprozeß eines Uranatoms, der durch ein primäres Neutron ausgelöst wird

— man nennt diesen Prozeß S p a l t p r o z e ß — außer den schweren Atomkernen auch schnelle Neutronen, u. zw. mehr als eines auftritt. Es wird demnach die ursprünglich ein-gestrahlte Neutronenmenge vervielfacht. Sorgt man nun da-für, daß die Neutronen das Uranvolumen nicht verlassen können — nimmt man also die Uranmenge nur genügend groß — so müßte die Zahl der Neutronen wie eine Lawine anwachsen; denn die neuentstandenen Neutronen spalten ja auch wieder Uranatome. Es müßte sich eine Art Ketten-reaktion einstellen. In einer eingehenderen Überlegung ist zu beachten, daß das Element Uran drei verschiedene Atom-kernarten hat, die sich durch ihre Massen unterscheiden (Isotope). Die weit überwiegende Zahl der Urankerne hat die Massenzahl 238. Weniger als 1% — genau 0,72% — haben die Massenzahl 235 und ein verschwindend kleiner Anteil, nämlich 0,006% der Atome haben die Massen-zahl 234. Die letzteren spielen für den Spaltprozeß wegen ihrer geringen Zahl kaum eine Rolle. Der Urankern mit der Massenzahl 238 kann nur mit schnellen Neutronen ge-spalten werden. Ihre Energie muß größer sein als eine Mil-lion Elektron-Volt. Tritt in ein großes Uranvolumen der natürlichen Isotopen-Zusammensetzung ein schnelles Neu-tron ein, dessen Energie imstande ist, in einem Urankern der Masse 238 einen Spaltprozeß auszulösen, so werden bei diesem Prozeß außer den beiden schweren Spalttrümmern noch vier bis fünf schnelle „Spaltneutronen" frei. Diese Spaltneutronen haben allerdings wohl nur zum Teil selbst wieder eine Energie, die einen Spaltprozeß in einem Uran-kern 238 auslösen kann. Immerhin ist anzunehmen, daß mehr als eines der Spaltneutronen eine hinreichende Energie hat. Es wäre daher von vorneherein denkbar, daß schon in einem genügend großen Uranvolumen der natürlichen Isotopenzusammensetzung durch ein eintretendes schnelles Neutron ein Kettenprozeß anläuft. Diesbezügliche Versuche haben aber gezeigt, daß selbst jene Spaltneutronen, die un-mittelbar nach ihrer Entstehung genügend Energie haben, um weitere Spaltprozesse auszulösen, diese Energie zum Großteil auf andere Weise abgeben, so daß sie ihre Spaltfähigkeit verlieren, u. zw. durch die oben besprochene unelastische Streuung an den Urankernen. Das hat zur Folge, daß es mit schnellen Neutronen im Uran der natürlichen Isotopenzusammensetzung zu keiner Kettenreaktion kommt. Es ist zu beachten, daß dieses Mißlingen allein dadurch bedingt ist, daß in dem gewöhnlichen Uran fast nur das Isotop mit der Masse 238 vorhanden ist und dieses einen zu hohen Energieschwellenwert für die Spaltung mit schnellen Neutronen hat. In geringen Mengen kommt auch das Uranisotop mit der Masse 235 in dem natürlichen Uran vor. Auch die Kerne dieses Isotops können mit Neutronen gespalten werden, und zwar nicht nur mit schnellen, sondern auch mit langsamen und sogar besonders gut mit solchen thermischer Geschwindigkeit. Die Spaltung mit den schnellen Neutronen spielt allerdings wegen der geringen Menge des Uran 235 im natürlichen Uran keine Rolle. Würde man aber durch ein Isotopentrennverfahren dieses Uranisotop sehr stark anreichern, so daß etwa ein Uran entstünde, in dem mehr Uran 235 als Uran 238 enthalten ist, dann wäre in diesem Urangemisch die Auslösung einer Kettenreaktion mit explosivem Charakter zu erwarten. Denn wenn auch die bei einem Spaltprozeß im Uran 235 entstehenden Spaltneutronen einen Teil ihrer Energie durch unelastische Streuung verlieren, so macht das jetzt nichts, weil ja Uran 235 im Gegensatz zum Uran 238 auch noch durch diese langsamen Neutronen gespalten wird. Die Anreicherung des Uran 235 in dem erforderlichen großen Ausmaße ist wohl die größte Schwierigkeit in dem ganzen Problem. Sie ist aber in den letzten Jahren gelungen, so daß die „Atombombe" zur grausigen Wirklichkeit geworden ist. Eine solche Bombe braucht nicht sehr groß und schwer zu sein. Selbst wenn nur 10% der ganzen möglichen Umwandlungsenergie explosionsartig frei werden, so sollte 1 Kilogramm Uran 235 die gleiche Wirkung haben wie 2000 Tonnen eines normalen Sprengstoffes. Allerdings ist ein größeres Gewicht als 1 Kilogramm erforderlich, damit sich die Kettenreaktion hinreichend aufbauen kann, wozu, wie schon oben gesagt, ein gewisses Mindestvolumen des Uran erforderlich ist.

Erfreulichere Zukunftsaussichten als die explosionsartige Auslösung der Spaltenergie der Atomkerne des Urans bietet die Möglichkeit, daß man es so einrichten kann, daß diese Energie in stetiger Weise bei einer technisch beherrschbaren Temperatur frei wird. Dazu genügt sogar das natürliche Isotopengemisch ohne vorherige Anreicherung des Uran 235. Es wurde schon oben erwähnt, daß man die Kerne des Uran 235 auch mit thermischen Neutronen spalten kann, ja, wie bei vielen anderen Kernreaktionen mit Neutronen, ist die Wahrscheinlichkeit einer Umwandlung des Uran 235 mit thermischen Neutronen sogar so groß, daß selbst eine so geringe Menge wie 0,7% im normalen Uranisotopengemisch ins Gewicht fällt. Wenn ein thermisches Neutron in einen Kern des Uran 235 eingedrungen ist, so zerfällt dieser Kern in zwei mittelschwere Bruchstücke und außerdem wird eine geringe Zahl von Spaltneutronen frei. Diese Spaltneutronen sind aber schnelle Neutronen ebenso wie die Spaltneutronen, die bei der Spaltung des Uran 238 durch s c h n e l l e Neutronen frei werden. Wenn aber nun diese Spaltneutronen im Uran 235 wirksam werden sollen, dann müssen sie zuerst auf thermische Geschwindigkeiten verlangsamt werden. Zu diesem Zweck muß dem Uran eine Substanz beigemischt werden, in der die schnellen Spaltneutronen verlangsamt werden, also eine Substanz, die möglichst viele möglichst leichte Atome enthält. Am naheliegendsten ist natürlich, dem Uran Wasser zuzusetzen, also eine Art Brei aus Uran herzustellen. Die schnellen Spaltneutronen werden dann hauptsächlich durch die Zusammenstöße mit den Wasserstoffkernen in den Wassermolekülen nach genügend vielen Stößen bis auf thermische Geschwindigkeiten abgebremst.

In diesem Zustand dringen sie in die Kerne des Uran 235 ein. Jedes solche thermische Neutron erzeugt dann einen Spaltprozeß, bei dem mehr als ein Neutron entsteht; es entstehen also mehr Neutronen als in die Urankerne eingedrungen sind. Diese neuen Spaltneutronen werden nun wieder verlangsamt, erzeugen im thermischen Geschwindigkeitszustand wieder Spaltprozeße usf. Da immer mehr schnelle Spaltneutronen entstehen als thermische Neutronen in den Kernen des Uran 235 für die Auslösung der Spaltprozesse verbraucht werden, so ist eine Kettenreaktion im Prinzip möglich. Wirklich anlaufen kann sie allerdings nur dann, wenn diese schnellen Spaltneutronen während des Verlangsamungsprozesses nicht in einem solchen Ausmaße verloren gehen, bevor sie thermische Geschwindigkeit erreicht haben, daß die Vermehrung dadurch aufgehoben wird. Und das ist nun auch tatsächlich der heikelste Punkt des ganzen Problems. Bei der Verlangsamung geht ein Teil der Neutronen durch andere Kernprozesse mit Urankernen verloren, die nicht zu einer Spaltung führen, u. zw. schon bevor sie noch thermische Geschwindigkeit erlangt haben. Wenn nämlich die Neutronen in ein gewisses Stadium der Geschwindigkeit gekommen sind, werden sie von den Kernen des Uran 238 stark absorbiert und gehen so für die Erzeugung neuer Spaltprozesse im Uran 235 verloren. Durch die Absorption dieser Neutronen im Uran 238 entstehen neue Atomkerne und neue chemische Elemente, die radioaktiv sind. Aus dem Urankern mit der Masse 238 entsteht durch Absorption eines Neutrons ein Atomkern mit der Masse 239. Da sich die Ordnungszahl des Atoms dabei nicht ändert, so ist dieses neue Atom wieder ein Uranisotop. Diese Atome sind aber radioaktiv und senden mit einer Halbwertszeit von 23,5 Minuten Betastrahlen aus. Dabei ändert sich die Masse des Atoms praktisch nicht, wohl aber die Ordnungszahl. Abgabe einer negativen elektrischen Elementarladung aus dem Atomkern führt auf ein Atom mit einer um eine Einheit höheren Ordnungszahl.

Es entsteht somit das erste „Transuran". Auch diese Atome sind wieder radioaktiv und senden mit einer Halbwertszeit von 2,3 Tagen auch wieder Betastrahlen aus, so daß Atome mit der Ordnungszahl 94 entstehen. Die Masse ist nach wie vor 239. Es entsteht das zweite Transuran. Dieses Element ist wahrscheinlich ein Alphastrahler großer Halbwertszeit. Das Element mit der Ordnungszahl 93 hat den Namen Neptunium erhalten, das mit der Ordnungszah 94 heißt Plutonium. Diejenigen Neutronen, die nicht auf ihrem Bremsweg vom Uran 238 absorbiert worden sind, die also thermische Geschwindigkeit erreichen, werden aber auch nicht vollzählig vom Uran 235 absorbiert. Vielmehr wird ein Teil von ihnen auch noch im thermischen Geschwindigkeitsbereich von Urankernen 238 absorbiert, wodurch wieder in der oben beschriebenen Weise Neptunium- und Plutoniumatome entstehen. Ein anderer Teil lagert sich an die Wasserstoffkerne an und bildet mit ihnen Deuteriumkerne. Nur wenn trotz aller dieser Verlustprozesse mehr thermische Neutronen übrig bleiben, als bei der vorhergehenden Generation von Spaltneutronen, kann eine Kettenreaktion anlaufen. Auch wenn letzteres eintritt, braucht trotzdem noch keine unbegrenzte Steigerung der Spaltprozesse zu erfolgen. Wenn das Uranvolumen zu klein ist, gehen zu viel Neutronen dadurch verloren, daß sie aus der Anordnung ins Freie austreten. Diese Art von Neutronenverlust fällt natürlich umso schwerer ins Gewicht, je geringer der Neutronenzuwachs von Generation zu Generation der Spaltneutronen ist. Umso größer muß dann das Volumen der Anordnung sein. Es hat sich gezeigt, daß mit normalem Wasserstoff als Bremsatomen, in welcher chemischen Verbindung immer sie enthalten sind, eine Kettenreaktion nicht anläuft, auch wenn die Anordnung noch so groß gemacht wird. Der Grund liegt darin, daß zu viele Neutronen für die Bildung von Deuterium verloren gehen. Man ist daher dazu übergegangen, als Bremssubstanz schweres Wasser zu nehmen. Mit den

schweren Wasserstoffkernen gehen die Neutronen keine
Verbindung ein. Statt des schweren Wassers, das nicht
leicht in den erforderlichen großen Mengen beschafft werden kann, können auch andere Substanzen mit leichten
Atomen zur Abbremsung der Spaltneutronen verwendet
werden, z. B. Beryllium oder Graphit. Allerdings geht die
Verlangsamung wegen der größeren Masse der Beryllium-
bzw. Kohlenstoffatome in kleineren Stufen vor sich als bei
der Verlangsamung durch Protonen oder Deuteronen. Das
ist ein Nachteil, der aber in Kauf genommen werden kann.
Ein sehr beachtenswerter Punkt ist die Anordnung der
Uranstücke innerhalb der Bremssubstanz. Die homogene
Durchmischung ist keinesfalls günstig, weil alle Spaltneutronen in jedem ihrer Geschwindigkeitszustände mit den
Urankernen zusammentreffen, was in den früher erwähn-
ten kritischen Geschwindigkeitsbereichen zu ihrer teilwei-
sen Absorption führt. Trennt man Uran und Bremssubstanz etwa in der Weise, daß man Würfel oder Zylin-
der oder sonst geformte Stücke aus Uran raumgitterartig
in die Bremssubstanz einbaut mit der berechenbaren gün-
stigsten Menge von Bremssubstanz zwischen den Uran-
stücken, so ist eine solche Anordnung der homogenen
Durchmischung vorzuziehen. Es ist in den letzten Jahren in
A m e r i k a gelungen, eine solche Anordnung aufzubauen und
die Atomkernenergie in makroskopischen Ausmaßen frei
zu machen und zwar mit Graphit als Bremssubstanz. Bei
jedem einzelnen Spaltprozeß wird eine Energie von etwa
180 Millionen Elektronenvolt frei. Bei vollständiger Umwandlung von 1 Kilogramm Uran würde eine Energiemenge von $74 \cdot 10^{11}$ Kilogrammeter oder 17,3 Milliarden
Kilo-Calorien gewonnen werden. Werden nur die Atome
von 235 gespalten, so würde sich dieser Betrag um etwa
einen Faktor 100 erniedrigen. Das ist immer noch eine
ganz ungeheure Energiemenge, wie sie in den chemischen
Prozessen auch nicht annähernd erreicht wird. 1 Kilogramm Kohle liefert bei völliger Verbrennung nur etwa

8000 Kilo-Calorien, 1 Kilogramm Nitroglycerin nur 1400 Kilo-Calorien. Bei diesen Versuchen hatte man allerdings nicht die Absicht, die freiwerdende Energie nutzbar zu machen; der durch diese Energie verursachte Temperaturanstieg wurde vielmehr durch Kühlwasseranlagen größter Ausmaße abgeführt. Man interessierte sich nur für die Großerzeugung des Plutonium, das natürlich in einer Anordnung, in der die Kettenreaktion zu makroskopischer Wirkung anwächst, auch in wägbaren Mengen entsteht. Auch dieses Plutonium ist nämlich wie das Uran 235 als „Atomsprengstoff" verwendbar. Und darauf hatte man es während des Krieges in erster Linie abgesehen.

Wenden wir uns von diesen teilweise beunruhigenden technischen Auswirkungen der Kernphysik zurück zu der Frage, was die neueren Entdeckungen in der Atom- und Strahlenphysik über die Grundbausteine der Materie und über die Zusammenhänge von Materie und Strahlung lehren. Denn das ist das eigentliche Ziel der Forschung, dem der Wissenschaftler sein Leben widmet. Die praktischen Ergebnisse sind nur die Abfallsprodukte der Forschung, die den Menschen leider nicht nur zum Segen gereichen.

7. Die Bauelemente der Materie.

Neutronen, Protonen und Elektronen mit positiver und negativer elektrischer Ladung sind nach dem derzeitigen Stand der Forschung die letzten Dinge der Materie. Die •Neutronen sind „schwere" Teilchen; sie haben eine Masse von etwa $1{,}67 \cdot 10^{-24}$ Gramm. Die Elektronen beider Vorzeichen sind leichte Teilchen; ihre Masse ist nur etwa 10^{-27} Gramm. In den Atomkernen kommen stabil nur Neutronen und Protonen vor, obwohl in den Erscheinungen der natürlichen und künstlichen Radioaktivität häufig auch Elektronen oder Positronen aus dem Atomkern austreten. Diese letzteren sind aber nicht stabil im Atomkern, sondern werden erst unmittelbar vor ihrer Emission im Atomkern erzeugt. Die leichten Teilchen haben in diesem Falle eine Ähnlichkeit mit den Photonen, die ja — gleichgültig, ob sie als sichtbares oder Röntgenlicht aus der Elektronenhülle des Atoms kommen oder als Gammastrahlung aus dem Atomkern — auch erst unmittelbar vor der Emission erzeugt werden. Schwierig und derzeit nicht vollkommen geklärt ist die Frage, welcher Art die Kräfte sind, die die Neutronen und Protonen im Atomkern so fest zusammenhalten, daß zur Ablösung eines Neutrons oder Protons aus dem Atomkern eine rund hundertmal so große Arbeitsleistung notwendig ist als zur Entfernung des am stärksten gebundenen Elektrons im Uranatom. Die Neutronen haben ja doch überhaupt keine elektrische Ladung und die Protonen sind alle positiv geladen, was nur zu einer Abstoßung führen kann, falls keine andere als die bekannte Coulomb'sche Kraft zwischen ihnen wirksam ist. Nun ist aber experimentell sichergestellt, daß zwei Protonen, die sich bis auf eine Entfernung von etwa 10^{-13} genähert haben, einander anzuziehen beginnen. In diesen kleinen Distanzen treten offenbar neue zusätzliche Kräfte auf, die von einer gänzlich anderen Art sind, als die Coulomb'sche. Es ist ferner experimentell gesichert, daß der Zusammenhalt im Atomkern ein gänzlich andersartiger ist als in der Elektronenhülle des Atoms. In der letzteren wird die Bewegung der Elektronen in erster Linie durch die Anziehung des positiv geladenen Atomkernes auf die negativ geladenen Elektronen gelenkt; es wird alles gewissermaßen von einem Zentrum her dirigiert, wenigstens in erster Linie, wenn auch nicht ausschließlich. Im Atomkern hingegen wirkt jedes Teilchen nur auf seine nächsten Nachbarn. Die Kernkräfte wirken offenkundig — wie sich das ja schon aus den oben angeführten Protonenversuchen ergeben hat — nur auf sehr kleine Entfernungen in merklicher Stärke. Die Verhältnisse sind ähnlich denen in einem Kristall oder einer Flüssigkeit. Man hat daher auch versucht, die Bindung im Atomkern zu begreifen in Analogie zur homöopolaren Bindung in manchen Molekülen und Kristallen, ohne daß diese Theorien bisher zu einem vollen Erfolg geführt hätten. Es ist denkbar, daß der physikalische Kraftbegriff sich überhaupt als nicht geeignet herausstellt, die Stabilität der Atomkerne zu verstehen. Noch schwieriger, ja eigentlich überhaupt nicht möglich ist die Beantwortung der Frage: Sind Neutronen und Protonen nun wirklich die letzten Bausteine der Materie oder sind auch sie nur wie einst das Atom bloß vorläufige, die sich bei weiterer Forschung wieder auflösen? Der Physiker kann nach der ganzen Art seiner Forschungsmethode nur Beziehungen zwischen den Elementen der Substanz feststellen, aber die Substanz selbst hat immer einen hypothetischen Charakter. Sie ist jeweils gerade das, was sich der physikalischen Forschung noch entzieht. Erfaßbar wird sie erst, wenn neuentdeckte Relationen sie auflösen, wobei dann neue und ursprünglichere Substanzelemente die Stelle der früheren einnehmen. Es ist denkbar, daß die Urbausteine von heute die Physik von morgen sind, ähnlich, wie wir es auch beim Atom erlebten. Vor nicht allzulanger Zeit noch wurde seine Realität selbst von sehr bedeutenden Physikern und Chemikern bestritten, während gegenwärtig vielleicht die größere Zahl aller Physiker mit der Erforschung seiner Struktur bis zur technischen Anwendung der Atomphysik beschäftigt ist. Andrerseits muß man aber doch erwarten, daß die Zurückführung der Materie auf immer noch kleinere Elemente einmal ein Ende findet. Es liegen Versuchsergebnisse vor, die zeigen, daß schon die gegenwärtig angenommenen Bausteine der Materie keineswegs grobanschaulich als Substanzteilchen zu denken sind, die nur sehr sehr klein sind, sonst sich aber so benehmen, wie große materielle Körper. Wir haben früher gesehen, daß Strahlung kleiner Wellenlänge neben der Welleneigenschaft auch Teilcheneigenschaften hat. Diese letztere Eigenschaft war es ja gerade, die die eingehende Analyse des Elektronenaufbaues des Atoms ermöglichte. Es gibt nun auch das Gegenstück dazu. Elektronen zeigen neben den Teilcheneigenschaften, die historisch zuerst entdeckt wurden, auch Welleneigenschaften. Auch Elektronen ergeben nach dem Durchgang durch Materie ein Beugungsdiagramm ganz ebenso wie die Röntgenstrahlen. Man kann sogar von einer Wellenlänge λ der Elektronen sprechen; sie ist umso kleiner je größer die Geschwindigkeit v des Elektrons ist und ist mit ihr nach der Beziehung verknüpft: $\lambda = \dfrac{h}{mv}$ wo h die schon bekannte P l a n c k'sche Konstante ist und m die Masse des Elektrons ist. Dieser Wellencharakter wurde auch bei allen anderen Elementarteilchen, den Neutronen, Protonen ja sogar bei Heliumatomen nachgewiesen. Das war eine der bedeutungsvollsten Entdeckungen um die Mitte der Zwanzigerjahre, zeigt sie doch, daß im atomaren Bereich die Unterscheidung der Strahlung in Wellenstrahlung und Korpuskular(oder Teilchen-)strahlung keine einfache anschauliche Bedeutung hat. Es hängt vielmehr von der Art des physikalischen Experimentes ab, welche Eigenschaft die Strahlung gerade zeigt, die undulatorische oder die korpuskulare. Es wäre aber unrichtig, daraus zu schließen, daß Photonen und materielle Teilchen, wie Neutronen u. s. f. ganz dasselbe sind. Es gibt vielmehr wesentliche Unterschiede. Es hat beispielsweise keinen physikalischen Sinn, vom Ort eines Photons zu sprechen, wohl aber von dem eines Elektrons oder Protons. Ebenso kennen wir für das Lichtquant keine Ruhmasse wie bei den Elementarteilchen. Ein ruhendes Lichtquant kommt in der Physik überhaupt nicht vor, da jedes Lichtquant nur als ein mit Lichtgeschwindigkeit bewegtes auftritt. Materielle Teilchen dagegen können jede Geschwindigkeit haben bis zur Lichtgeschwindigkeit als nicht erreichbare obere Grenze. Es liegen demnach beim gegenwärtigen Stand der Forschung zweifellos große Unterschiede vor, nur sind sie nicht durch die historisch entstandenen Vorstellungen von Welle und

Teilchen beschreibbar. Die moderne Atomtheorie verzichtet auf eine anschauliche Beschreibung, sondern hat in der Quantenmechanik einen mathematischen Formalismus entwickelt, der diesem eben geschilderten Dualismus der heutigen atomaren Einheiten Rechnung trägt und in jedem Falle quantitative Voraussagen über ihr Verhalten erlaubt, was — von Vorurteilen abgesehen — als das entscheidende Kriterium für den Wert einer physikalischen Theorie angesehen werden muß.

Diese Theorie hat es auch wahrscheinlich erscheinen lassen, daß in der Natur noch andere Elementarteilchen vorkommen, außer den in Laboratoriumsversuchen gefundenen Neutronen, Protonen und Elektronen und sie wurden auch gefunden als Bestandteil der aus dem Weltraum kommenden kosmischen Strahlung.

8. Die kosmische Strahlung.

Die atmosphärische Luft hat stets eine gewisse, wenn auch geringe elektrische Leitfähigkeit; die Ursache sind auch hier Strahlen. Die Herkunft dieser ionisierenden Strahlung ist mannigfaltiger Natur. In der Nähe der Erdoberfläche und bis in nicht zu große Höhen macht sich die durchdringende Gammastrahlung der in der Erdkruste befindlichen radioaktiven Substanzen bemerkbar. Ferner enthalten auch die Gefäßwände der die Luft enthaltenden Meßgefäße immer radioaktive Substanzen, wenn auch in sehr geringer Menge. Sorgfältiger Ausschluß dieser Strahlungsquellen ließ aber immer noch eine sehr geringe Ionisation der Luft erkennen. Insbesondere zeigten Ballonaufstiege, die schon 1912 bis zu Höhen von ca. 5000 Meter durchgeführt wurden, einen Anstieg der Ionisation mit wachsender Höhe über dem Erdboden. Dieser Befund wurde nach mannigfachen Diskussionen dahin gedeutet, daß eine außerirdische aus dem Weltraum zur Erde gelangende Strahlung die Ursache dieser Restionisation ist. Die Entdeckung dieser Strahlung ist insbesondere mit dem Namen des österreichischen Physikers Viktor H e s s verknüpft. Die Zunahme der Ionisation und damit auch der Strahlenintensität wurde in der Folgezeit bis in die Stratosphäre hinauf verfolgt, also in Höhen bis ober 20 Kilometer.

Auch die Meßmethoden in der Physik der kosmischen Strahlung beruhen auf der Eigenschaft der Strahlen, Gase zu ionisieren. In der ersten Zeit wurden die Messungen meist mit Ionisationskammern ausgeführt. Das sind luftdicht abgeschlossene Metallgefäße von meist zylindrischer Form, die mit einem Gas gefüllt sind. Damit ein möglichst großer Teil der Strahlung in der Kammer absorbiert wird, wird der Gasdruck in diesen Meßkammern meist auf viele Atmosphären Überdruck erhöht. Die entstehenden Ladungen werden einem Elektrometer zugeführt. Der Fadengang des Elektrometers wird zusammen mit dem Luftdruck und der Temperatur der Umgebung automatisch registriert. Eine derartige Apparatur kann beispielsweise auch mit einem Registrierballon in sehr große Höhen gebracht werden, wo sie alle erforderlichen Daten selbstregistrierend aufnimmt. Natürlich gibt es auch ortsfeste Apparate, die dann sehr groß und schwer sein und, um die Durchdringungsfähigkeit der Strahlen zu untersuchen und auch aus anderen Gründen, in dicke Eisen- oder Bleipanzer gehüllt sein können. Diese Kammern messen den Effekt, der von einer Vielzahl von Strahlen in einer bestimmten Zeit hervorgerufen wird.

Später haben dann die Methoden, die imstande sind, einzelne Strahlen zu registrieren, auch in der Erforschung der kosmischen Strahlung zunehmende Anwendung gefunden. Wohl das am vielfältigsten verwendbare Registrier- und Meßgerät für Strahlen aller Arten ist das Z ä h l r o h r. (Abb. 21.) Es ist eigentlich auch nur eine zylindrische Ionisationskammer, die mit einem Gas gefüllt ist, allerdings meist bei einem Druck weit unter dem Atmosphärendruck. An der metallischen Zylinderwand liegt eine negative elektrische

Gleichspannung von etwa 1000 Volt, während der in der Zylinderachse ausgespannte sehr dünne Draht zu einem Elektronenröhrenverstärker geführt ist, in dessen Ausgang ein Zählwerk geschaltet ist. Jedes durch die Zylinderwand von geeignet gewählter Dicke in das Zählrohr eintretende Teilchen wird von dem Zählwerk gezählt. Das Zählrohr zählt jedes einzelne leichte Teilchen (Elektron) ebenso wie auch ein schweres Teilchen. Es hat eine besondere Bedeutung in der kosmischen Strahlenforschung bekommen, als

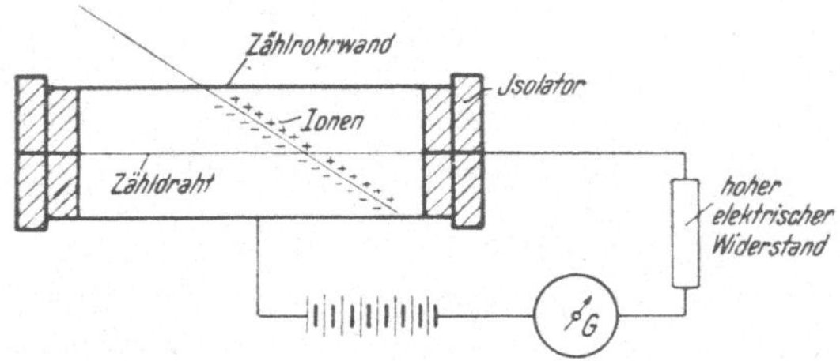

Abb. 21. Zählrohr für Beta- und Gammastrahlen.

An der Stelle von G liegt im allgemeinen ein Röhrenverstärker mit einem automatischen Zählwerk, das die in einer bestimmten Zeit in das Zählrohr eingetretenen Teilchen selbsttätig aufsummiert.

man fand, daß ein und derselbe Strahl der kosmischen Strahlung mehrere Zählrohre durchsetzen kann und dabei jedes Zählrohr zum Ansprechen bringt. Es wurden nämlich daraufhin sogenannte Koinzidenzanordnungen aus einer Mehrzahl von Zählrohren aufgebaut, die so geschaltet sind, daß nur solche Strahlen registriert wurden, die durch sämtliche Zählrohre gegangen sind. Man kann auf diese Weise beispielsweise durch geeignete geometrische Anordnungen etwas über die Richtung der kosmischen Strahlung aussagen, oder man kann prüfen, ob gleichzeitig mehr als ein Strahl einfällt.

Das eindrucksvollste Hilfsmittel zur Beobachtung kosmischer Strahlen ist aber die Nebelkammer, deren Verwendung immer mehr zunimmt, besonders im Zusammenhang mit Zählrohrkoinzidenzschaltungen, die den Betrieb der Nebelkammer steuern, d. h. nur, wenn Strahlen ein oder mehrere ober oder unter, oder auch ober u n d unter, der Nebelkammer befindliche Zählrohre durchsetzt haben, wird der Expansionsmechanismus der Nebelkammer ausgelöst und das oder die die Zählrohre durchsetzenden Teilchen nun in der Nebelkammer sichtbar und photographisch festgehalten. Diese Zählrohrsteuerung hat den Vorteil, daß nur dann expandiert wird, wenn wirklich Strahlen in die Nebelkammer eintreten und, daß man wieder durch geeignet gewählte geometrische Anordnung der Zählrohre von vorneherein eine gerade interessierende Verteilung der kosmischen Strahlung untersuchen kann.

Wie schon oben bemerkt, kann man selbstregistrierende Apparate bis in die Stratosphäre mit unbemannten Ballons schicken. In einer bestimmten Höhe, die vom Innendruck des Ballons abhängt, platzt dieser und der Registrierapparat fällt mit Fallschirm zu Boden; dann muß man nur noch das Glück haben, den glücklich gelandeten Apparat in die Hände zu bekommen. Einfacher ist natürlich eine stabile Aufstellung in einem Höhenobservatorium, wie solche in Europa auf dem J u n g f r a u j o c h (3400 Meter), auf dem S o n n b l i c k (ca. 3000 Meter) und auf dem H a f e l e k a r bei I n n s b r u c k (ca. 2300 Meter) existieren. Insbesondere auf dem H a f e l e k a r wurden Jahre umfassende Meßreihen zur Klärung verschiedener Probleme der kosmischen Strahlung gesammelt.

Die Zunahme der Intensität der kosmischen Strahlung mit der Höhe ist sehr beträchtlich. So wurde mit Vertikalkoinzidenzanordnungen von Zählrohren in einer Höhe von ca. 18 Kilometer eine Intensität vom 40fachen der in Meereshöhe gemessenen festgestellt. Auch in tiefe Seen, beispielsweise in den Bodensee, wurden Apparate versenkt und selbst noch bis zu 1000 Meter Wassertiefe Strahlung nachgewiesen, die letzten Endes nur außerirdischen Ursprunges sein kann, da sie durchdringender ist als irgendeine Strahlung, die von den auf und in der Erde vorkommenden radioaktiven Substanzen ausgesendet wird.

In der ersten Zeit hielt man die kosmische Strahlung hauptsächlich wegen ihrer großen Durchdringungsfähigkeit für eine Wellenstrahlung nach dem Vorbild der durchdringenden Gammastrahlung der radioaktiven Substanzen. Man hielt sie für eine Über-Gammastrahlung mit extrem kleinen Wellenlängen. Man konnte sich noch nicht freimachen von den im Laboratorium auftretenden Strahlen und übersah dabei, daß auch Teilchen und sogar geladene Teilchen ein sehr großes Durchdringungsvermögen haben können, wenn sie nur eine genügend große Anfangsenergie haben. Es konnte nachgewiesen werden, daß geladene Teilchen mindestens eine dominierende Rolle in der kosmischen Strahlung spielen und daß sie infolge ihrer großen Energie — es kommen Teilchen von mehr als 10^{15} Elektronenvolt vor — das beobachtete große Durchdringungsvermögen haben. Sie gehen teilweise durch einige Zentimeter dicke Bleischichten durch. Aus dem Umstand, daß die kosmischen Strahlen sehr wesentlich aus geladenen Teilchen bestehen, folgt auch der sogenannte Breiteneffekt. Die Erde stellt ja einen großen Magneten dar, dessen Nord- und Südpol zwar nicht mit den geographischen Polen zusammenfallen, aber doch bei hohen nördlichen bzw. südlichen Breiten liegen. Rasch bewegte geladene Teilchen beschreiben aber in einem Magnetfeld ganz andere Bahnen als ohne Feld. Sie werden in roher Näherung zu den Polen hingelenkt, so daß in den Äquatorgegenden weniger Teilchen die Erdoberfläche erreichen als in der Nähe der Pole. Dieses Verhalten wurde nun tatsächlich an der kosmischen Strahlung beobachtet.

Am aufschlußreichsten hinsichtlich der Natur der Strahlen sind zweifellos die photographischen Aufnahmen in der Nebelkammer. Meist wird dabei die Nebelkammer in ein Magnetfeld gebracht. Elektrisch geladene Teilchen erfahren dann eine Änderung ihrer Bewegungsrichtung. Sind die magnetischen Kraftlinien senkrecht zu der ohne Feld geradlinigen Bewegung der Teilchen gerichtet, so wird aus der geradlinigen Bewegung eine Kreisbewegung. Kennt

man die Masse und die Größe der elektrischen Ladung des
Teilchens, so kann man aus der Größe des Radius dieses
Kreises die Geschwindigkeit und damit auch die Energie
des Teilchens bestimmen. Aus dem Krümmungssinn der
Bahn kann man ferner auch schließen, ob das Teilchen eine
positive oder negative elektrische Ladung trägt. Man muß

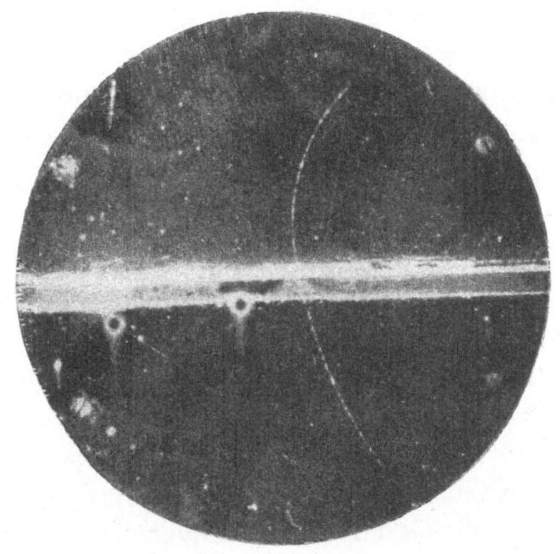

Abb. 22. Entdeckung des Positrons in der Nebelkammer.

Die Nebelkammer befand sich in einem homogenen Magnetfeld von 15000 Gauss.
Das Teilchen kommt von unten, tritt dann durch eine in der Kammermitte
befindliche Bleiplatte von 6 mm Dicke und verläßt die Platte oben mit einer erheblich
kleineren Energie, was aus der stärkeren Krümmung der Bahn in der oberen Hälfte
der Kammer erkennbar ist. Gerade daran erkennt man die Bewegungsrichtung des
Teilchens. Aus der Kenntnis der Bewegungsrichtung und dem Krümmungssinn im
Magnetfeld zusammen kann eindeutig auf das Vorzeichen der elektrischen Ladung
geschlossen werden.

zu diesem Zweck nur die Bewegungsrichtung des Teilchens
kennen. Auf diese Weise wurde beispielsweise gefunden,
daß es in der kosmischen Strahlung nicht nur Elektronen
mit negativer Ladung gibt, sondern auch solche mit positiver Ladung — die Positronen. Das Positron wurde historisch zuerst in der kosmischen Strahlung gefunden und erst
nachher auch als Produkt mancher künstlich radioaktiver
Substanzen im Laboratorium beobachtet (s. Abb 22).

Die überwiegende Mehrzahl aller in der Nebelkammer beobachteten Teilchen sind wohl Elektronen und Positronen. Sie haben meist Geschwindigkeiten, die nur wenig kleiner sind als die Lichtgeschwindigkeit. Diese schnellen Elektronen rufen nun eine Erscheinung hervor, die uns das Wechselspiel zwischen Strahlung und Materie besonders anschaulich vor Augen führt. Es kommt vor, daß in der Nebelkammer eine große Zahl von gleichzeitig auftretenden Teilchenbahnen — ein Teilchenschauer — photographiert wird, die von einer Stelle der Gasfüllung oder viel häufiger von der Kammerwand ausgehen. Bringt man in die Kammer einen oder mehrere Metallstreifen, die von den Teilchen durchsetzt werden, so kann man oft sehen, wie aus einem Teilchen nach dem Durchgang durch eine Platte mehrere geworden sind. Das hat folgende Gründe: Ein Elektron gibt seine Bewegungsenergie beim Durchgang durch Materie auf zweierlei Arten ab. Erstens durch Ionisation der Atome, die es passiert, zweitens durch Aussendung von Bremsstrahlung. Ein Elektron erfährt infolge der Anziehung durch einen Atomkern, an dem es vorbeiläuft, eine Geschwindigkeitsverminderung, die mit der Ausstrahlung eines Photons verbunden ist — daher die Bezeichnung Bremsstrahlung. Infolge dieses Prozesses hat das Elektron dann eine kleinere Bewegungsenergie. Dafür ist aber ein Photon entstanden, dessen Energie gleich der vom Elektron abgegebenen Bewegungsenergie ist. Bei großen Geschwindigkeiten der Elektronen macht der Geschwindigkeitsverlust durch Photonenausstrahlung weit mehr aus als der durch Ionisation, bei kleineren Elektronengeschwindigkeiten hingegen überwiegt die Energieabgabe durch Ionisation der Atome. Natürlich findet auch bei großen Teilchengeschwindigkeiten noch Ionisation statt, sonst könnte man das Teilchen in der Nebelkammer ja gar nicht sehen und andererseits kommt es auch bei kleineren Elektronengeschwindigkeiten noch zur Aussendung von Bremsstrahlung, die dann in das Gebiet der Röntgenstrahlen fällt. Andrerseits ist ein Photon mit einer Energie ober einer Million Volt imstande, beim Durchgang durch Materie ein Elektron und ein Positron zu erschaffen, also ein Paar von Teilchen, die beide Elektronenmasse haben, aber entgegengesetzt geladen sind. Aus Licht im weitesten Sinne entsteht somit geladene Materie. Aus dem Wechselspiel dieser beiden Prozesse: Bremsstrahlung und Paarbildung, lassen sich nun die „Schauer" von Teilchen in der Nebelkammer zwanglos verstehen. Angenommen ein Elektron fällt auf der Spitze der Atmosphäre ein; dann wird es nach einer gewissen Wegstrecke in der Atmosphäre zu einem Bremsstrahlungsphoton Anlaß geben und wird selbst mit kleinerer Geschwindigkeit weiter laufen. Aus dem Photon aber wird früher oder später ein Elektron-Positron-Paar, so daß aus dem ursprünglich e i n e n Elektron nun schon drei leichte Teilchen geworden sind. Das geht nun so weiter; jedes der Teilchen wird bald wieder ein Brems-Photon aussenden, das seinerseits wieder zu einem Teilchenpaar wird. Die Geschwindigkeit der Teilchen wird aber im Laufe dieser abwechselnden Prozesse immer kleiner und die geschilderten Prozesse hören schließlich auf, die Teilchen geben den Rest ihrer Energie durch Ionisation der Atome in der Atmosphäre ab. Die Zahl der Teilchen, die zuerst infolge von Bremsstrahlung und Paarbildung zugenommen hat, nimmt nun wieder ab, in dem Maße, wie sich die Teilchen in der Materie infolge Ionisation totlaufen (s. Abb. 23). Die Positronen vereinigen sich schließlich mit einem Elektron der Atmosphäre — sie lösen sich in Wellenstrahlung auf, u. zw. im allgemeinen in zwei Photonen von je 0,5 Millionen Elektronenvolt Quantenenergie. Man kann in diesem Sinne von einer „V e r n i c h t u n g d e r M a t e r i e" sprechen oder, wie dieser Prozeß in der angelsächsischen Literatur genannt wird, von der „annihilation of matter".

Die kosmische Strahlung kann aber nicht nur aus Positronen und Elektronen bestehen; denn selbst die schnellsten

von ihnen kommen durch eine Bleischicht von etwa 10 cm
Dicke nicht mehr durch. Es werden aber auch noch hinter
dickeren Bleischichten geladene Teilchen gefunden. Diese
müssen eine wesentlich größere Masse haben als Positronen
und Elektronen. Schwere Teilchen können nämlich bei hinreichend großer Energie weitaus größere Schichtdicken

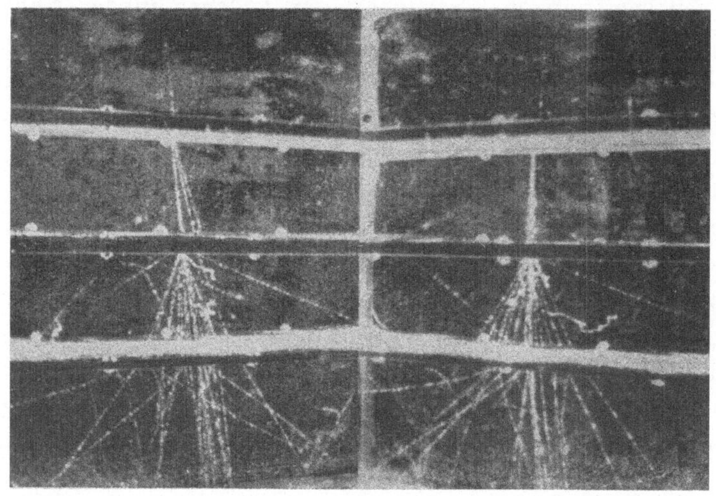

Abb. 23. Entwicklung eines Kaskadenschauers aus einem geladenen Teilchen in der Nebelkammer ohne Magnetfeld (Stereoaufnahme).
Die Nebelkammer ist durch drei Bleilamellen abgeteilt. Auf die oberste trifft ein
geladenes Teilchen; im Inneren der obersten Platte entstehen daraus drei Teilchen.
Eines davon vervielfacht sich in der mittleren Lamelle sehr beträchtlich. Man
erkennt auch die Zunahme der Winkelöffnung des Teilchenschauers.

durchsetzen als leichte, weil schwere Teilchen ihre Bewegungsenergie praktisch nur durch Ionisation abgeben können, diese Energieabgabe aber, wie schon oben betont, bei
Teilchen sehr großer Energie sehr klein ist. Von solchen
schweren Teilchen sind uns aus dem Laboratorium Protonen und Neutronen bekannt. Diese beiden Teilchenarten
kommen in der kosmischen Strahlung zweifellos auch vor.
Anscheinend häufiger treten aber Teilchen auf, deren
Masse größer als die Elektronenmasse aber kleiner als die
Protonenmasse ist. Es ist noch nicht sicher, ob diese

„Zwischenteilchen", auch Mesonen genannt, alle die gleiche Masse haben, oder ob es vielleicht eine ganze Reihe von Teilchenarten gibt, die verschiedene Massen zwischen der Elektronen- und der Protonenmasse haben. Einigermaßen sicher ist bisher nur, daß jedenfalls ein Massenwert von etwa dem 200fachen der Elektronenmasse häufig vorkommt. Neueste Versuchsergebnisse scheinen aber außerdem für das Vorkommen von Mesonen mit der etwa 100fachen Elektronenmasse zu sprechen. Diese Mesonen tragen teils eine positive elektrische Elementarladung, teils eine negative. Diese Mesonen sind auch insoferne interessant, als sie ähnlich wie die Positronen nur eine sehr kleine Lebensdauer haben. Nach einer Laufzeit von etwa 1 Milliontel Sekunde zerfallen sie in ein Elektron und ein Neutrino. Dieses Neutrino ist ein ziemlich hypothetisches Teilchen ohne elektrische Ladung und mit einer Masse, die auf jeden Fall viel kleiner als die Elektronenmasse, wenn nicht überhaupt Null ist. Man wäre versucht, dieses Neutrino für eine Art von „missing link" zwischen den Photonen und Teilchen zu halten, ohne freilich vorerst mit dieser Bezeichnung eine konkrete Vorstellung verbinden zu können. Es scheint, daß nur die positiv geladenen Mesonen zerfallen, während die negativ geladenen von den Atomkernen eingefangen werden und eine Zertrümmerung derselben zur Folge haben sollten. Der größte Teil der in Meeresniveau in der kosmischen Strahlung gefundenen Elektronen dürfte durch Sekundärprozesse der Zerfallselektronen der Mesonen entstanden sein; denn die Elektronen, die primär auf der Spitze der Atmosphäre einfallen, werden sich mit den aus ihnen entstehenden Schauern zum größten Teil in der Atmosphäre totlaufen und gar nicht bis auf Meeresniveau gelangen.

Über die Entstehung der Mesonen ist noch nichts Sicheres bekannt; doch ist es möglich, daß sie durch Photonen sehr großer Energie erzeugt werden, u. zw. können

dann auch eine größere Zahl von Mesonen auf einmal entstehen. Bei einem solchen Prozeß können ferner auch gleich-

Abb. 24. Explosionsschauer in der Nebelkammer.

Im Gegensatz zu der stufenweisen Entstehung des Teilchenschauers in der vorigen
Abbildung zeigt dieses Bild einen Teilchenschauer, bei dem die Teilchen von einem
Punkt der mittleren Bleiplatte nach a l l e n Richtungen auslaufen. Sie sind offenbar
in einem einzigen Erzeugungsprozeß entstanden. Ferner enthält dieser Schauer viele
schwere Teilchen, was bei einem Kaskadenschauer nicht sein könnte.

zeitig Neutronen und Protonen auftreten und nur selten
Elektronen und Positronen. Diese Aussage der Theoretiker

scheint in den Beobachtungen eine gewisse Stütze zu finden. Manche Nebelkammeraufnahmen zeigen Schauer von einer ganz anderen Art, als es die früher gezeigten Elektronenschauer sind. Man nennt sie E x p l o s i o n s s c h a u e r, weil sie gewissermaßen auf einen Schlag entstehen und nicht wie die durch ein Elektron eingeleiteten „Kaskaden"-Schauer in Stufen (kaskadenartig) (s. Abb. 24).

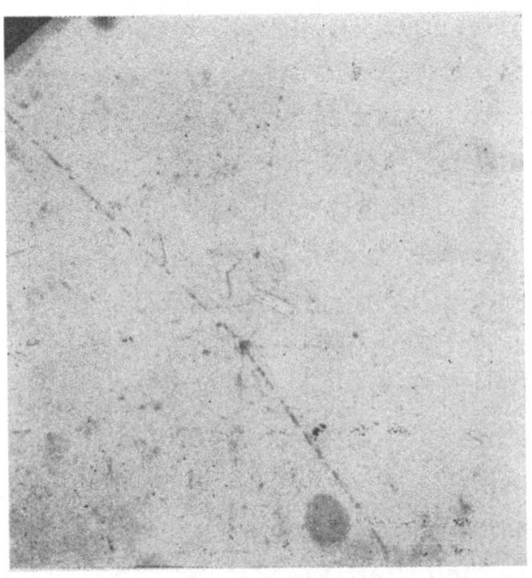

Abb. 25. Durch Zertrümmerung eines Biom- oder Silberatomkerns entstandener „Stern" schneller Teilchen in der photographischen Schicht. (Mikrophotographie.)

Von einem Punkt der Schicht gehen 14 Bahnen aus, von denen nicht alle gleichzeitig unter dem Mikroskop gesehen werden können, weil sie in verschiedenen Ebenen liegen. 5 sind auf dem Bilde deutlich als geradlinige Punktreihen erkennbar, weitere 5 sind auch noch erkennbar, wenn auch weniger deutlich. Sie würden bei einer anderen Tiefeneinstellung des Mikroskops ebenso deutlich werden, wie die ersteren 5.

Schließlich kann durch Teilchen der kosmischen Strahlung auch ein recht weitgehender Abbau von Atomkernen verursacht werden. Dieser ist in seiner auffallendsten Form mit der sogenannten p h o t o g r a p h i s c h e n M e t h o d e beobachtet worden. Wenn geladene Teilchen mit großer Masse in eine photographische Schicht eindringen, so erkennt man die Bahn, die sie in der Schicht zurückgelegt haben, nach dem Entwickeln der Platte an einer Folge von schwarzen Punkten, die allerdings nur unter dem Mikroskop gesehen werden können; das sind Bromsilberkörner, die durch den Durchgang des geladenen Teilchens entwicklungsfähig gemacht wurden. Es wurden nun, wenn auch selten, bis zu zwölf solcher Punktreihen gefunden, die von einem Punkt der Schicht ausgehen. Das ist so zu verstehen, daß ein Teilchen mit sehr großer Bewegungsenergie in einen Atomkern eines in der Schicht enthaltenen Atoms eindringt und eine Atomumwandlung hervorruft. Die Energie des eindringenden Teilchens ist aber so groß, daß aus dem getroffenen Atomkern nicht nur ein Proton oder Neutron austritt, wie das aus vielen im Laboratorium bekannten Kernprozessen bekannt ist, sondern in rascher Aufeinanderfolge eine größere Anzahl. Die in der Schicht sichtbaren Bahnspuren stammen wahrscheinlich von Protonen; außer diesen wird wahrscheinlich auch eine mindestens ebenso große Zahl von Neutronen den Kern verlassen, die aber, weil sie nicht ionisieren, keine Punktreihen in der photographischen Schicht erzeugen. Manches spricht dafür, daß auch eine Aufspaltung in mehrere komplexe Atomkerne vorkommt (s. Abb. 25).

Die Rückschau auf die im vorhergehenden geschilderten Erscheinungsformen der kosmischen Strahlung zeigt uns ein besonders lebhaftes Wechselspiel zwischen „Strahlung" und „Materie". Wellenstrahlung verwandelt sich vor unseren Augen in Teilchen und umgekehrt: schnell bewegte Teilchen in Wellenstrahlung. Die neueren experimentellen Erfahrungen und Beobachtungen führen uns von den naiven Vorstellungen „Teilchen" und „Welle", die man als einander ausschließende dachte, weg. Der Wunsch nach Anschaulichkeit muß dem unanschaulichen mathematischen Schema, das dafür eine umfassende quantitative Darstellung des gesamten Erfahrungsmaterials gibt, weichen.